U0157191

爱上内蒙古恐龙丛书

我心爱的临河盗龙

WO XIN'AI DE LINHEDAOLONG

内蒙古自然博物馆 / 编著

内蒙古人民出版社

图书在版编目(CIP)数据

我心爱的临河盗龙 / 内蒙古自然博物馆编著. —
呼和浩特 : 内蒙古人民出版社, 2024.1
(爱上内蒙古恐龙丛书)
ISBN 978-7-204-17761-5

Ⅰ. ①我… Ⅱ. ①内… Ⅲ. ①恐龙-青少年读物
Ⅳ. ①Q915.864-49

中国国家版本馆 CIP 数据核字(2023)第 201768 号

我心爱的临河盗龙

作　　者 内蒙古自然博物馆
策划编辑 贾睿茹　王　静
责任编辑 贾睿茹
责任监印 王丽燕
封面设计 王宇乐
出版发行 内蒙古人民出版社
地　　址 呼和浩特市新城区中山东路 8 号波士名人国际 B 座 5 层
网　　址 http://www.impph.cn
印　　刷 内蒙古爱信达教育印务有限责任公司
开　　本 889mm×1194mm　1/16
印　　张 5.25
字　　数 160 千
版　　次 2024 年 1 月第 1 版
印　　次 2024 年 1 月第 1 次印刷
书　　号 ISBN 978-7-204-17761-5
定　　价 48.00 元

如发现印装质量问题,请与我社联系。联系电话:(0471)3946120

“爱上内蒙古恐龙丛书”
编 委 会

主　　编： 李陟宇　张正福

执行主编： 刘治平　王志利　曾之嵘

副 主 编： 孙炯清　陆睿琦

本册编委： 鲍　洁　吴政远　李虹萱　娜日格乐
徐鹏懿　张　瑶

扫码进入>>

内蒙古恐龙新闻站

NEIMENGGU KONGLONG XINWENZHAN

恐龙快讯

古生物学家找到临河盗龙算是中了“彩票”！

看图文科普，快速解锁恐龙新知识

观看在线视频，享受视觉盛宴

走近恐龙 揭开不为人知的秘密

恐龙世界

恐龙拼图

玩拼图游戏 拼出完整的恐龙模样

恐龙的种类上千种

你最喜爱哪一种？

恐龙访谈

倾听恐龙的心声

内蒙古人民出版社 特约报道

内蒙古自治区巴彦淖尔市

温度：31℃

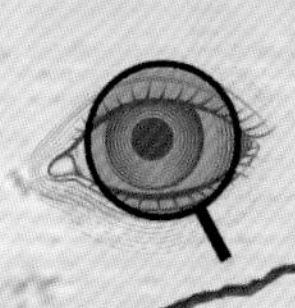

前　　言

数亿年来，地球上出现过许多形形色色的动物，恐龙是其中最令人着迷的类群之一。恐龙最早出现在三叠纪时期，在之后的侏罗纪和白垩纪时期成为地球上的霸主。那时，恐龙几乎占据了每一块大陆，并演化出许多不同的种类。目前世界上已经发现的恐龙有1000多种，而尚未被发现的恐龙种类或许远超这个数字。

你知道吗？根据中国古动物馆统计，截至2022年4月，中国已经根据骨骼化石命名了338种恐龙，而且这个数字还在继续增长。目前，古生物学家在我国的26个省区市发现了恐龙化石，其中，内蒙古仅次于辽宁，是发现恐龙化石种类第二多的省区。

内蒙古现有40多种恐龙被命名，种类丰富，有很多具有重要的科研价值，如巴彦淖尔龙、独龙、乌尔禾龙和绘龙等。

你知道哪只恐龙创造过吉尼斯世界纪录吗？你知道哪只恐龙被称为“沙漠王者”吗？你知道哪只恐龙练就了“一指禅”功法吗？这些问题，在“爱上内蒙古恐龙丛书”中，都能找到答案。

“爱上内蒙古恐龙丛书”选取了12种有代表性的在内蒙古地区发现的恐龙，即巴彦淖尔龙、中国鸟形龙、临河盗龙、临河爪龙、乌尔禾龙、鄂托克龙、阿拉善龙、鹦鹉嘴龙、巨盗龙、绘龙、独龙和耀龙，详细介绍了这些恐龙的外形特征、发现过程以及家族成员等。每一种恐龙都有一张属于自己的“名片”，还有精美清晰的“证件照”，让呈现在读者面前的恐龙更加鲜活生动。

希望通过本丛书的出版，让大家看到内蒙古恐龙，乃至中国恐龙研究的辉煌成就，同时激发读者对自然科学的兴趣。

在丛书的编写过程中，我们借鉴了业内专家的研究成果，在此一并致谢！

02
我心爱的
临河盗龙

第一章 恐龙驾到

提起迅猛龙，我想大家对《侏罗纪公园》中用锋利的镰刀状脚趾敲击地面的布鲁并不陌生。它真正的名字是伶盗龙。可是你知道吗？这位火遍全球的主角其实来自中国。

古生物学家在中国发现了很多与伶盗龙同族的驰龙家族成员，它们不仅和电影中的布鲁一样迅猛矫捷，而且有十八般武艺：有些成员长出了丰满的羽翼，有些成员长出了毒牙，有些成员被称为“沙漠之王”，有些成员开始学习飞行……下面就让我们跟随恐龙猎人诺古一起来了解一下驰龙家族吧！

内蒙古自治区巴彦淖尔市

温度：31℃

诚聘：

恐龙大饭店

恐龙王国准备开一家面向全体恐龙的大饭店，现诚聘三名厨师。

要求：厨艺高超，技艺精湛，热爱工作，可接受加班的优先考虑。薪资待遇优厚，包吃住。

热爱做饭的你快加入我们吧！

Linheraptor exquisitus

精美临河盗龙

Lynx lynx

诺古

精美临河盗龙女士，您好！有幸邀请您参加恐龙访谈节目，十分荣幸。

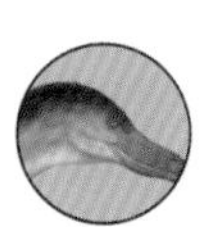

大家好！我是精美临河盗龙。

您的名字听起来很优雅。

是因为我的种名“精美”这个词吗？

是的。古生物学家为什么会用“精美”来为您命名呢？

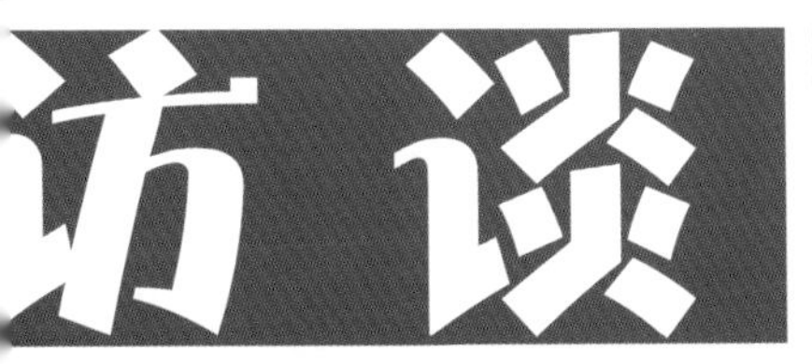

恐龙气象局温馨提示：

空气很好，快去呼吸新鲜空气

未来5天不会降雨

主持人：诺古　本期嘉宾：精美临河盗龙

因为我们的化石保存得非常完整，这种情况在化石界很难见到，所以古生物学家给我们起了这个名字。

原来是这样。那“盗龙”又是怎么来的呢？

古生物学家认为我们行动敏捷，奔跑迅速，就像“盗贼”似的。

呃，不瞒您说，恐龙王国最近有一些关于您家族的风言风语，说那桩关于原角龙的凶杀案是您的家族……？

我们也没有办法，若想在弱肉强食的恐龙王国中生存下去，就需要变得强大。

果然如传闻所说。古生物学家在原角龙化石上发现了您家族成员的齿痕。

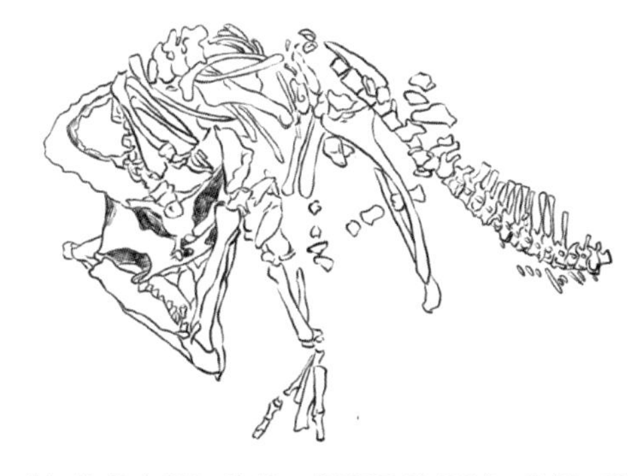

精美临河盗龙化石胃里的原角龙化石

我们并不想抵赖，因为这就是生存规律，就像现生的老虎、狮子会捕食其他动物一样。

狮子

您说的也没有错，只是……我们换一个话题吧！听说临河盗龙家族的捕猎能力特别强，是巴音满都呼（位于巴彦淖尔市乌拉特后旗）的“沙漠之王”。

“沙漠之王”不敢当，我们也只是为了生存。和我们同时期生活的奥氏伶盗龙以及谭氏临河猎龙才是一流的猎手。

化石猎人成长笔记

谭氏临河猎龙

谭氏临河猎龙属于伤齿龙家族，生活在白垩纪晚期。它们的化石发现于内蒙古巴音满都呼。它们也是目前已知保存得最完整的白垩纪晚期伤齿龙科化石之一。

近日，驰龙家族飞天学院开始了新学期的招生。一直以来，飞天学院以认真的态度、雄厚的师资力量受到大家的好评。飞翔课程由资深教授小盗龙为大家讲解，为保证授课质量，只招两名学生。

飞天学院

我记得奥氏伶盗龙和您都是生活在巴音满都呼。

是的，我们都属于驰龙家族，而且长得也很像。

确实很像。但我在《侏罗纪公园》中看到的伶盗龙是没有羽毛的，不像您还穿着一身华丽的“羽衣”。

因为那时古生物学家还没有发现我们家族的化石有羽毛的痕迹。

原来是这样。那我们下次见面的时候您可能又会“换装”了。

很有可能。不过《侏罗纪公园》中真实地呈现了我们驰龙家族捕猎时的样子。

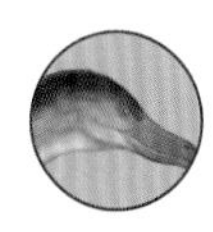

是的，我们在捕猎时会相互协作。我们的奔跑速度可达每小时60千米，所以每次捕猎都会很成功。

这样说来，您也是灵活、迅猛的猎食者。那您也会和伶盗龙一样与家族成员合作捕猎吗？

一般情况下，懂得相互协作的恐龙会拥有很高的智商。

伶盗龙

谢谢。但在我们生活的地方，谭氏临河猎龙的智商比我们高。

临河猎龙？和您的名字只有一字之差。

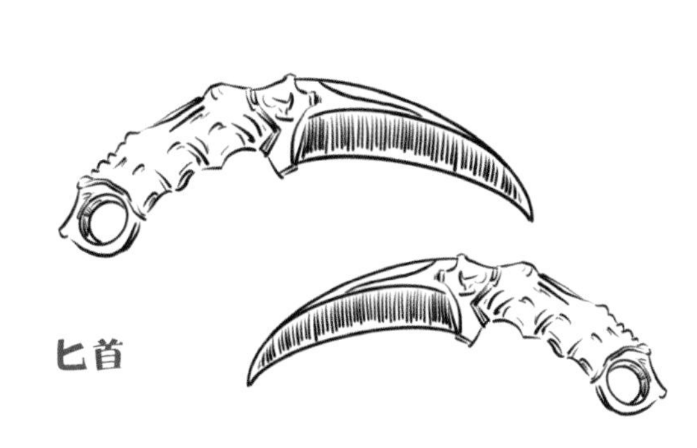

匕首

它们也长有和我们一样的镰刀状的第二脚趾，但它们属于伤齿龙家族。

这也太难区分了吧！

它们的第二脚趾比我们的小。我们精美临河盗龙的第二脚趾就像一把锋利的匕首，有7厘米长，这在整个驰龙家族中的排名也是很靠前的。

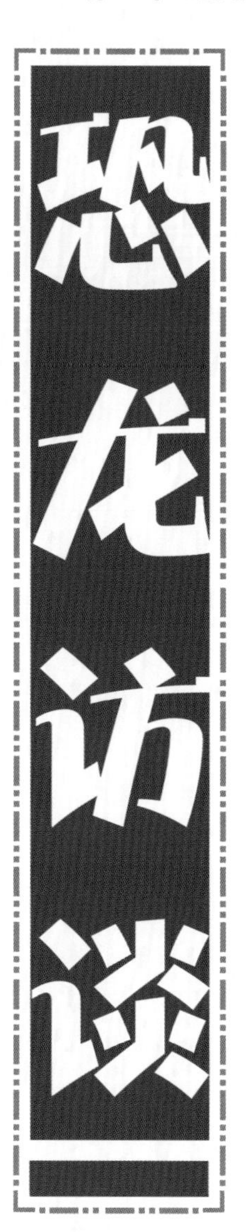

您的家族和伤齿龙家族相比较，还有什么其他不同的特征吗？

我们的身体更强健，而且比它们凶猛。我们属于肉食性恐龙，它们属于杂食性恐龙。除此之外，还有刚刚提到的智商。

既然您和它们都懂得团队协作，彼此交流，我想智商应该不会相差太多吧？

不是的，古生物学家对比了恐龙的大脑后发现，伤齿龙的脑容量是最大的。一些古生物学家推测，如果恐龙没有灭绝，伤齿龙很可能会演化成为“类恐龙人”这种高智慧生物。

好消息！为答谢新老顾客，恐龙大浴池开展周年庆活动，将提供修剪指甲、清洁羽毛、打理尾毛等系列服务。惊喜多多，优惠多多，欢迎新老顾客惠顾。

恐龙大浴池

类恐龙人？听着还挺有意思的。好像还有一种恐龙叫作临河爪龙，是吗？

虽然我们的名字也只有一字之差，但临河爪龙是我们的食物，它们的肉质很鲜美。

嗯，其实单看您的外表，根本不会将您和凶猛的猎食者联系在一起。

这可能和我的经历有关吧。我从小就离开了妈妈，在没有家长的保护下，我学会了伪装，这样才能存活下来。

类恐龙人（模拟图）

您为什么从小就离开了妈妈呢？

在我很小的时候，有一次，我和妈妈以及家族中的一些成员准备去另一个地方寻找食物，途中下起了倾盆大雨，引发了洪水……

发生了什么事呢？像您这样厉害的猎食者一般不会遇到天敌吧？

我们原本想去寻找一个可以避雨的容身之所，但在经过一个高地时，强壮的同伴们纷纷翻越了过去，当时的我还年幼，而且洪水也在不断上涨，再加上土坡很滑，我用尽了全身的力气都没有爬上去。

那后来呢？

正当我感到绝望时，我的妈妈跳进水里，把我托了上去。可是雨越下越大，当我的妈妈想要爬上去的时候，却被湍急的水流冲走了……

您的妈妈真伟大！它用自己的生命延续了您的生命，所以您要代替它更好地活下去。

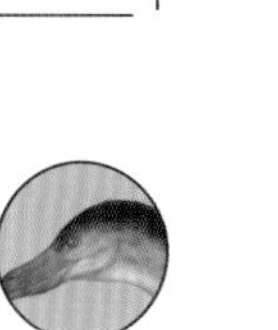

我苦练本领、提高技能，想让我的妈妈为我感到骄傲。

肯定会的。那您可以和我说说您是如何苦练本领、提高技能的？

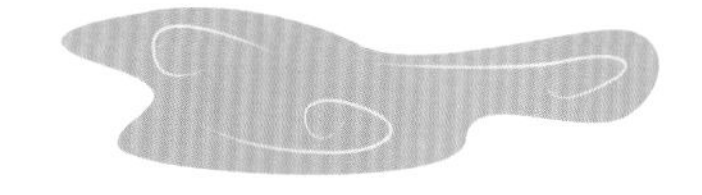

这还得从我们驰龙家族讲起。我为你介绍一下它们吧！

古生物学家发现的内蒙古恐龙“彩票”

精美临河盗龙 全部

拉丁文学名：*Linheraptor exquisitus*

属名含义：临河的盗贼

生活时期：白垩纪时期（约 8400 万年前）

化石最早发现时间：2008 年

2008 年，古生物学家在内蒙古巴彦淖尔市巴音满都呼地区发现了一具完整度极高的恐龙化石。这让古生物学家喜出望外，因为一直以来被发现的恐龙化石大部分并不完整，发现这样完整度极高的恐龙化石简直和中彩票没什么区别。

古生物学家将其命名为精美临河盗龙。属名“*Linheraptor*”，意为临河的盗贼；种名“*exquisitus*”，意为“精美、完好”，指化石的完整度很高。

精美临河盗龙的归属在学术界一直存在争议。有些古生物学家通过对比精美临河盗龙与驰龙家族其他成员的头部骨骼发现，精美临河盗龙的头部与驰龙家族典型的头部特征不同，更像另外一种恐龙——白魔龙，它们的上颌处有较大的上颌孔。所以，2012 年有古生物学家提出它应该属于白魔龙。

两年之后，中国的古生物学家提出精美临河盗龙与白魔龙存在一些差别，认为精美临河盗龙还是属于驰龙家族。精美临河盗龙长着驰龙家族典型的脚趾：第二脚趾高高翘起，形状像一把镰刀。它的爪子是家族中最大的。

精美临河盗龙

全部

精美临河盗龙体长约 1.8 米，体重约 25 千克。它们身体轻盈，牙齿锋利，虽然在恐龙王国属于中小型恐龙，但拥有驰龙家族的典型技能。

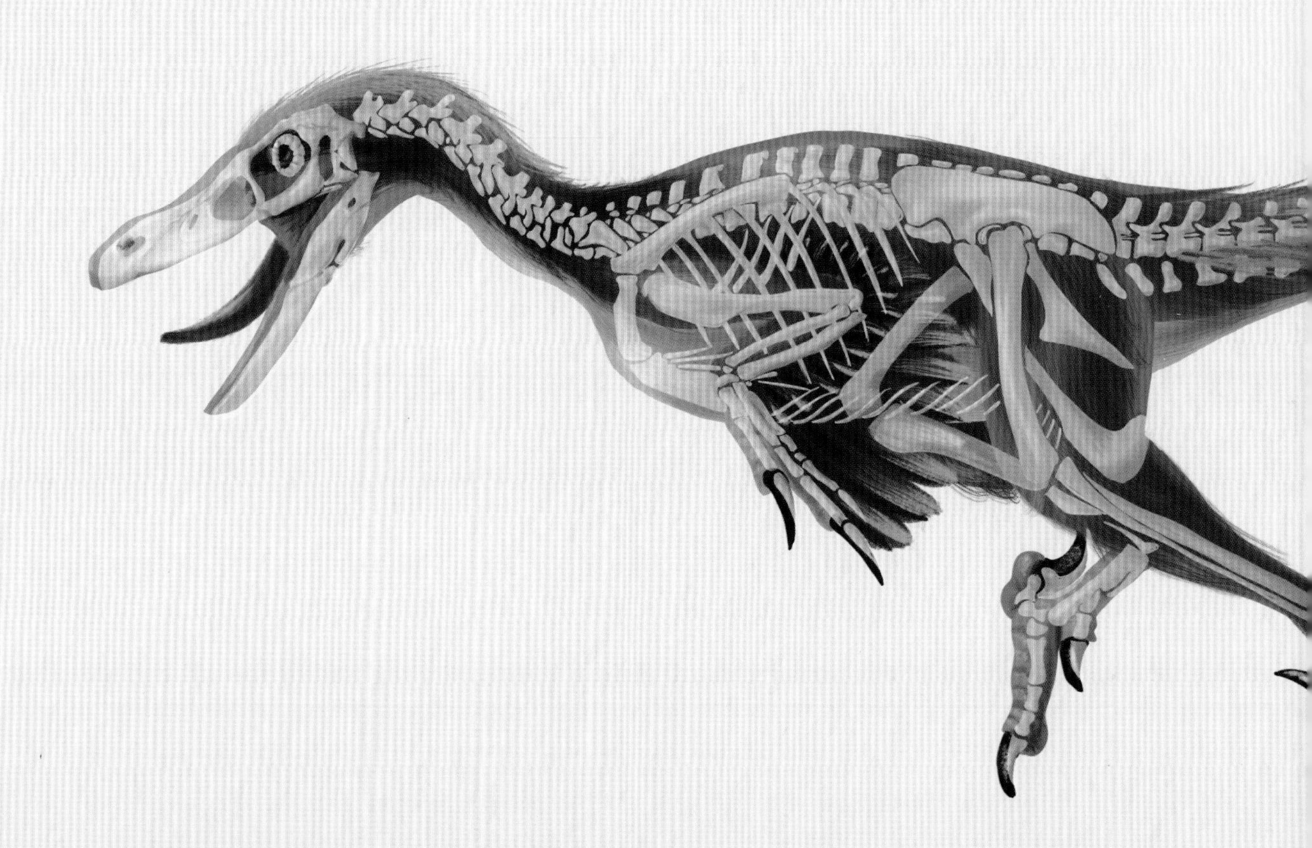

精美临河盗龙有着驰龙家族的典型特征——小腿长度大于大腿长度，说明它们是非常敏捷的猎食者。它们的头骨比较长，脖子弯曲呈 S 形。它们拥有巨大的眼眶，说明它们有着极好的视力，可以远远地锁定猎物。

精美临河盗龙还有一条长度接近一半身长的尾巴。它们的尾巴不像其他恐龙的尾巴那样柔软，而是像一根硬硬的木棍。这条硬尾巴可以保证它在快速奔跑和转弯时不会滑倒，是它们瞬间转变方向时保持身体平衡的秘密武器。

拥有这样的“飞毛腿”“千里眼”，再加上镰刀一样的爪子以及“急转弯”神器，使得精美临河盗龙可以在它们的领地上纵横驰骋，所向披靡，轻松猎杀同时期的小角龙和其他植食性恐龙，成功登上恐龙食物链的顶端。

精美临河盗龙家族树

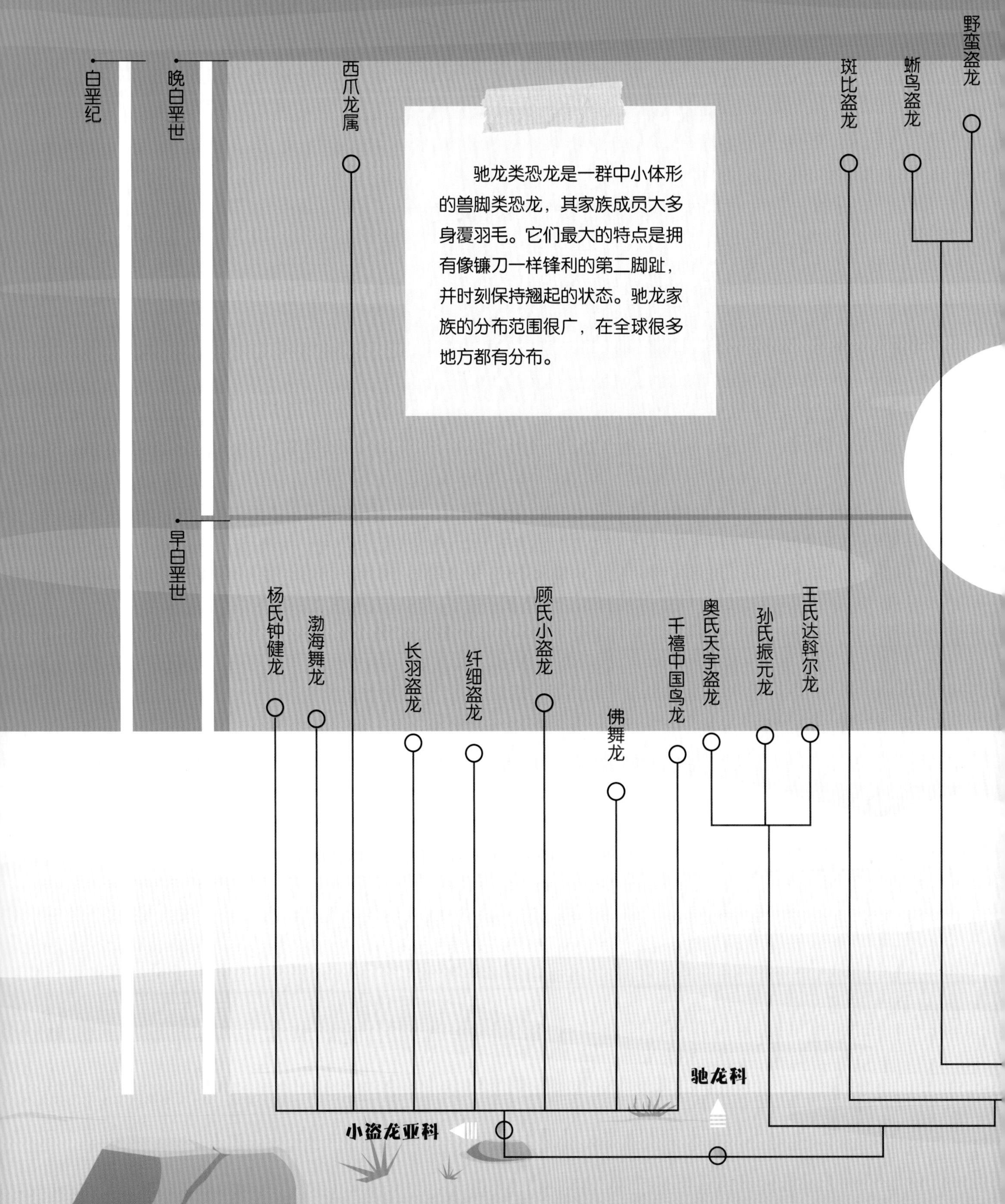

驰龙类恐龙是一群中小体形的兽脚类恐龙，其家族成员大多身覆羽毛。它们最大的特点是拥有像镰刀一样锋利的第二脚趾，并时刻保持翘起的状态。驰龙家族的分布范围很广，在全球很多地方都有分布。

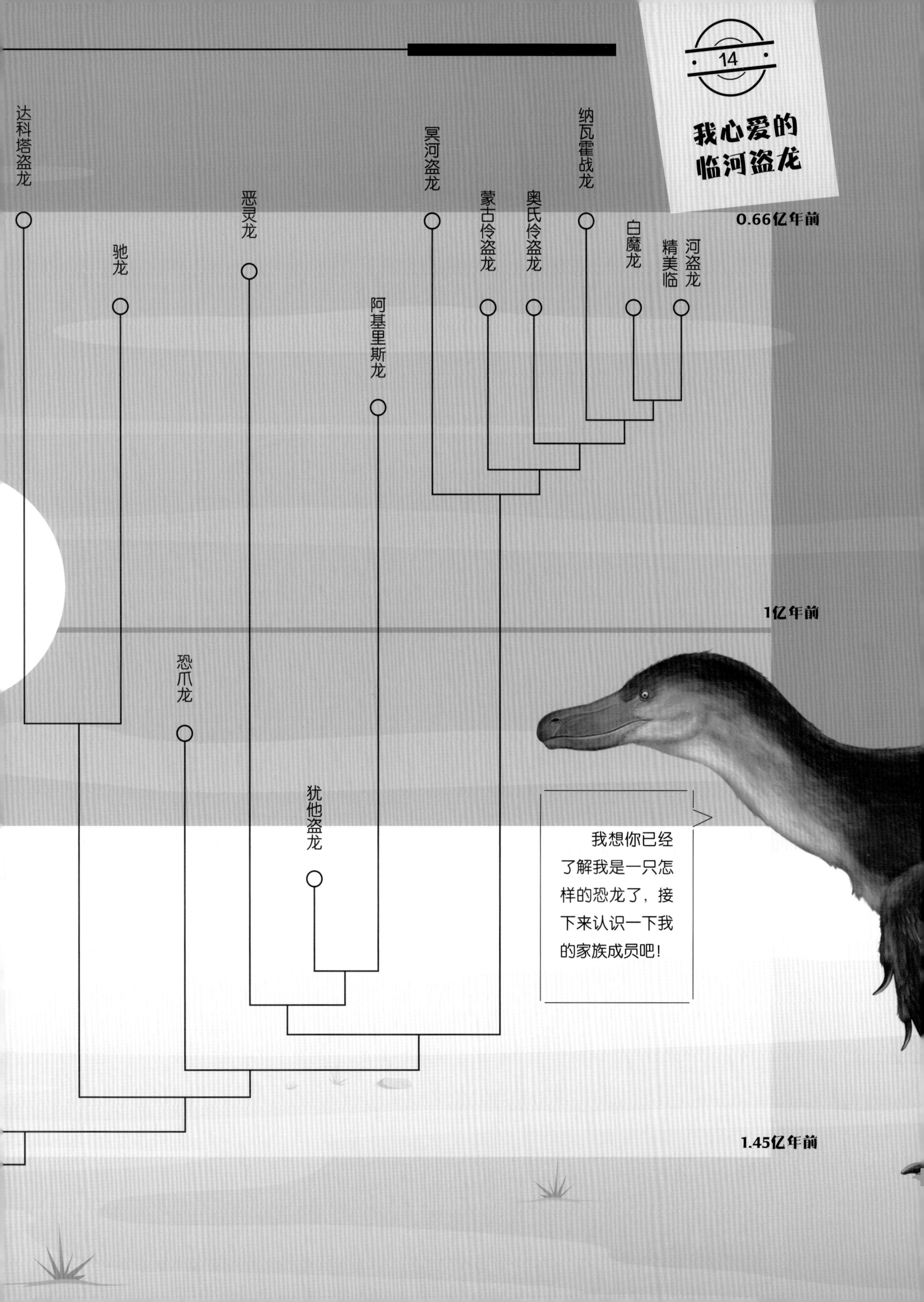
0.66亿年前
1亿年前
1.45亿年前
达科塔盗龙
驰龙
恶灵龙
阿基里斯龙
冥河盗龙
蒙古伶盗龙
奥氏伶盗龙
纳瓦霍战龙
白魔龙
精美临河盗龙
恐爪龙
犹他盗龙
我想你已经了解我是一只怎样的恐龙了，接下来认识一下我的家族成员吧！

第二章 恐龙速递

大约在 2.3 亿年前的晚三叠世，一类名叫恐龙的爬行动物出现了。它们是中生代时期的主要居民，几乎占据着当时地球上的每一块大陆。

我心爱的临河盗龙

迄今为止，全世界发现的恐龙有 1000 多种，古生物学家根据恐龙的骨骼特征等将恐龙分为诸多家族，如甲龙类、剑龙类和角龙类等。每一个家族又包含许多成员，它们大致相同却又有不同：有些尾巴长着大尾槌，有些尾巴长着尖刺；有些喜欢吃植物，有些喜欢吃鱼；有些头上长着“长管”，有些头上戴着“头盔”……

恐龙中的四翼滑翔机

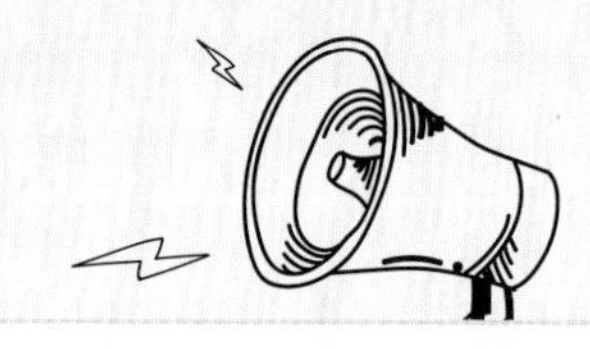

顾氏小盗龙 全部

拉丁文学名：*Microraptor gui*

属名含义：小盗贼

生活时期：白垩纪时期（约 1.2 亿年前）

命名时间：2003 年

2003 年，中国古生物学家将在辽宁省发现的小型恐龙化石命名为顾氏小盗龙。属名“*Microraptor*”，意为“小盗贼”；种名“*gui*”，是为了纪念顾知微院士在热河生物群研究中做出的巨大贡献。虽然顾氏小盗龙属于驰龙家族的“小不点”，却是恐龙王国的大明星。

顾氏小盗龙身上有许多闪光点，它的发现对恐龙王国有着重要的意义。顾氏小盗龙有四只翅膀，可以在树木之间滑翔，由此证实了古生物学家对恐龙演化为鸟类的重要推断。顾氏小盗龙可能是这一演变过程中的重要环节与过渡阶段。

顾氏小盗龙的化石上保存了完好的羽毛痕迹，古生物学家由此成功复原了顾氏小盗龙羽毛的颜色。顾氏小盗龙是世界上最早被确定体表颜色的恐龙之一。它的羽毛颜色为黑色，在阳光的照射下呈现出绚丽的光泽。

顾氏小盗龙的尾巴又细又长，尾部还有翎羽（长而硬的羽毛），“手指”末端有长长的弯曲的爪子，可以帮助它们麻利地爬到树上。它们在陆地上奔跑就像人穿上鱼尾裙在陆地上奔跑一样，非常不方便，所以它们擅长在林间穿梭。顾氏小盗龙是典型的肉食性恐龙，它们并不挑食，古生物学家曾经在它们的胃里发现过鱼、蜥蜴和哺乳动物的残骸。

我的艺名叫迅猛龙

奥氏伶盗龙 全部

拉丁文学名：*Velociraptor osmolskae*

属名含义：敏捷的盗贼

生活时期：白垩纪时期（约 7500 万年前）

化石最早发现时间：1999 年

1999 年，古生物学家在内蒙古巴彦淖尔市巴音满都呼地区发现了奥氏伶盗龙。属名“*Velociraptor*”，意为敏捷的盗贼；种名“*osmolskae*”，以波兰古生物学家哈兹卡·奥斯穆斯卡的名字命名。在伶盗龙属中只有两个有效种，一个是奥氏伶盗龙，另一个是模式种——蒙古伶盗龙。

奥氏伶盗龙身披毛茸茸的羽毛，就像一只长了长尾巴的大火鸡，看起来有一点可爱。但是，你可别因为它可爱的外表而忽视它凶猛的本性。

奥氏伶盗龙可是真正的猎食者。它们长有锯齿形的锋利牙齿，而且脑容量很大（相对于大脑容量与身体重量的比例而言），可能拥有很高的智商。它们的第二脚趾呈镰刀状，可以刺穿猎物的喉咙等重要器官，以达到猎食的目的。而且有化石证据证明它们是集体协作进行捕猎的。

驰龙家族的“小短手”

奥氏天宇盗龙 全部

拉丁文学名：*Tianyuraptor ostromi*

属名含义：来自天宇的盗贼

生活时期：白垩纪时期（约 1.22 亿年前）

命名时间：2010 年

奥氏天宇盗龙的化石发现于中国辽宁省西部。属名“*Tianyuraptor* ”，意为天宇的盗贼。天宇是山东省的天宇自然博物馆，是存放奥氏天宇盗龙化石的地方；种名“*ostromi*”，是为了纪念已故的古生物学家约翰·奥斯特伦姆，他在驰龙类和恐龙羽毛的研究方面做出了特别的贡献。

驰龙家族其他成员的前肢长度可达到后肢的 70%，而奥氏天宇盗龙的前肢只有后肢长度的 53%，因此成为驰龙家族的“小短手”。不过奥氏天宇盗龙却有一双大长腿，而且在族谱中的位置也不一般。

奥氏天宇盗龙的腿长远远超过了驰龙家族的平均水平。除了这些，奥氏天宇盗龙还具有一些较为原始的特征，与南半球的驰龙成员相似，同时有一些特征又是北半球的驰龙家族成员不具备的。因此古生物学家推测它可能是过渡物种。

奥氏天宇盗龙填补了北半球和南半球驰龙家族之间的空隙，可见它在族谱中的重要位置。奥氏天宇盗龙的尾巴很长，约 96 厘米，大约是大腿骨长度的 4.8 倍。这条神气的长尾巴使得奥氏天宇盗龙看起来精神抖擞，威风凛凛。

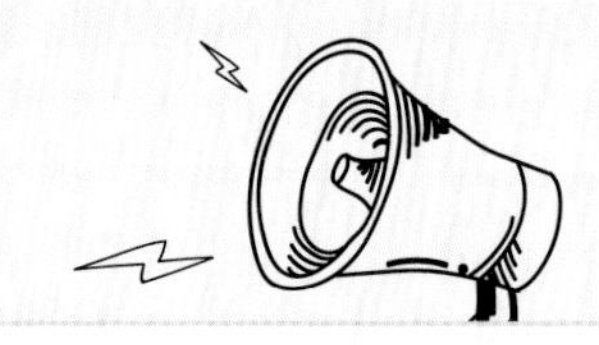

恐龙王国的“绝命毒师”

千禧中国鸟龙 全部

拉丁文学名：*Sinornithosaurus millenii*

属名含义：来自中国的像鸟的蜥蜴

生活时期：白垩纪时期（约 1.24 亿年前）

化石最早发现时间：1999 年

在金庸的武侠小说中，有许多用毒高手称霸武林，自然界中也有很多“毒霸”，例如毒蛇、毒虫等。可是你知道吗？在恐龙王国也有一位大名鼎鼎的毒龙，它的名字叫千禧中国鸟龙。

1999 年，千禧中国鸟龙发现于辽宁省凌源市的九佛堂地层。古生物学家惊喜地发现它的化石上具有和鸟羽相似的羽毛痕迹，所以为其取名为“*Sinornithosaurus*”，意为来自中国的像鸟的蜥蜴；种名“*millenii*”，献给即将到来的千禧年。经古生物学家研究，发现千禧中国鸟龙属于驰龙家族。

千禧中国鸟龙属于最早、最原始的驰龙家族成员。它拥有聪明的大脑、镰刀一样锋利的第二脚趾及灵活矫健的身体。虽然千禧中国鸟龙的体形并不大，但是本领却很大。它们最厉害的武器是牙齿。

古生物学家发现千禧中国鸟龙的牙齿长有沟槽，长而且向后弯，这和某些毒蛇的毒牙结构十分相似。他们还在千禧中国鸟龙的上颌骨中发现了明显的凹槽，于是大胆假设这些凹槽是储存毒液的囊体。所以千禧中国龙鸟极有可能会将毒液通过牙齿送入猎物体内。

来自辽宁的“羽毛鸡”

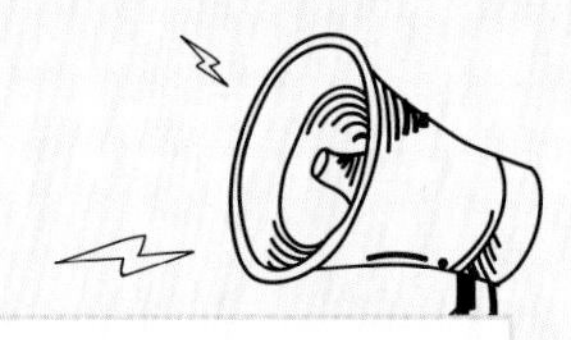

孙氏振元龙 全部

拉丁文学名：*Zhenyuanlong suni*

属名含义：振元龙

生活时期：白垩纪时期（约 1.25 亿年前）

命名时间：2015 年

长了一身羽毛却不会飞，被人们嘲笑为羽毛鸡？它可不是什么鸡，是小明星伶盗龙的亲戚——孙氏振元龙。孙氏振元龙发现于辽宁省西部，2015 年被命名为“*Zhenyuanlong suni*”。为了感谢辽宁锦州古生物博物馆馆长孙振元所做出的贡献，恐龙的属名和种名都用了孙振元馆长的名字。

孙氏振元龙是驰龙家族的另一个“小短手”成员。它与奥氏天宇盗龙的外形很像，它们来自同一地层。

孙氏振元龙穿着一身“皮毛大衣”，它的羽毛不是简单地用来保温的丝羽，而是具有多层羽毛结构，且羽毛的结构较复杂。尽管孙氏振元龙有鸟一样的翅膀，但它们因为翅膀过短而无法飞翔。它们长满精致羽毛的翅膀可能就像现生孔雀尾部的尾羽一样只是用于展示和炫耀。

体重约六两，心怀大梦想

杨氏钟健龙 全部

拉丁文学名：*Zhongjianosaurus yangi*

属名含义：叫钟健的蜥蜴

生活时期：白垩纪时期（约 1.25 亿年前）

命名时间：2017 年

提起恐龙，你的脑海里就会浮现出体形巨大且张着血盆大口的暴龙或者其他体形巨大的恐龙？那你可就落伍啦。恐龙王国有许多“小不点”，杨氏钟健龙就是体形较小的非鸟类恐龙之一。

杨氏钟健龙发现于辽宁省凌源市，属名、种名为“*Zhongjianosaurus yangi*”，这是为了纪念中国古脊椎动物学的开创者和奠基人杨钟健先生。2017年给它命名时，正好是杨钟健先生诞辰 120 周年，用中国泰斗级别的古生物学家来命名一只小恐龙，可见其重要性。

杨氏钟健龙是驰龙家族体形最小的成员之一。它们也长着毛茸茸的羽毛和长长的尾巴。杨氏钟健龙“龙小志大”，当其他恐龙家族还在地面上激烈竞争时，它们将目标转向天空，为其家族闯出一片天地。

鸟类是由恐龙演化而来，已经成为古生物界的共识。小盗龙类的翅膀、羽毛以及部分具有一些滑翔能力成员的发现，充实了恐龙演变成鸟儿的证据。除了这些，恐龙想要由地面生活转而飞向蓝天的一个关键点，就是克服重力，所以身体小型化成为必然的结果。

古生物学家甚至推测：恐龙演化到鸟类的关键是它们的体重一般在 600~1000 克。310 克的杨氏钟健龙为这一推测提供了重要依据，它小小的身体承载了整个家族飞向天空的巨大梦想。

驰龙家族的“小不点”

渤海舞龙 全部

拉丁文学名：*Wulong bohaiensis*

属名含义：舞动的龙

生活时期：白垩纪时期（约 1.23 亿年前）

命名时间：2020 年

渤海舞龙是古生物学家在 2020 年新命名的一种恐龙。它来自辽宁省凌源市九佛堂组化石层。属名“*Wulong*”采用了舞龙的汉语拼音，因为它的化石形态蜿蜒，好似翩翩起舞的龙，所以汉语意为“舞动的龙”；种名“*bohaiensis*”，取自我国的半封闭内海渤海。

渤海舞龙是恐龙王国的“小不点”，体形比乌鸦大一些。它们长有一条很长的尾巴，尾巴的尾部长有两根长羽毛。

渤海舞龙瘦瘦的身体上长有一颗大大的脑袋、一双炯炯有神的大眼睛，古生物学家推测它们的视力也很好。

别看渤海舞龙体形娇小，它可是驰龙家族的成员，和千禧中华鸟龙是近亲。渤海舞龙有镰刀一样的第二脚趾，锋利的趾甲可以划伤猎物的要害。它们长有一身漆黑且泛着金属光泽的羽毛，四肢上羽毛形成的翅膀可以帮助它们在丛林间滑翔。锋利的牙齿和镰刀状脚趾使它们捕食猎物易如反掌。它们的食物是小型的昆虫、鱼类、两栖类和哺乳动物等。

肚子里面装青蛙

王氏达斡尔龙 全部

拉丁文学名：*Daurlong wangi*

属名含义：达斡尔族的龙

生活时期：白垩纪时期（约 1.2 亿年前）

命名时间：2022 年

2022 年，古生物学家发现了驰龙家族的又一位新成员——王氏达斡尔龙。它可是孙氏振元龙和奥氏天宇盗龙的“龙兄龙弟”，因为它们都有着相似的“小短手”。王氏达斡尔龙的前肢长度不到后肢长度的 60%，它们三个成为驰龙家族的“小短手族”。

王氏达斡尔龙来自美丽的内蒙古，属名“*Daurlong*”，意为达斡尔族的龙，取自我国的少数民族达斡尔族。

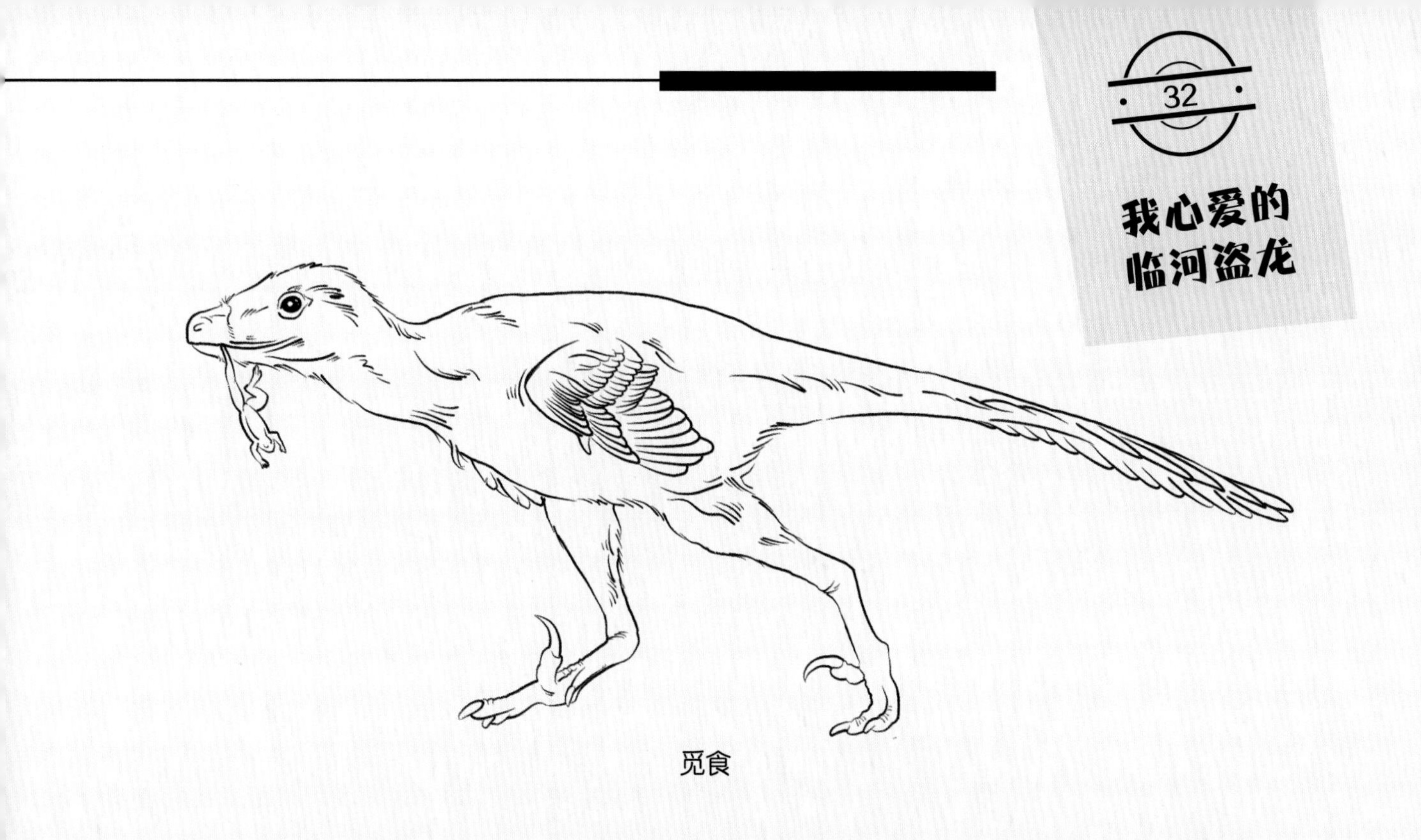
觅食

虽然王氏达斡尔龙长了“小短手”，但是来自驰龙家族的成员都不一般。王氏达斡尔龙化石是少数保存了较完整肠道的近鸟类化石，古生物学家在化石中发现了它“最后的晚餐”——许多杂乱散布的细小骨骼。古生物学家推测这是一种蛙类，说明王氏达斡尔龙也会捕食两栖动物。

第三章 恐龙猎人

中生代可谓是爬行动物的天下，无论是在海洋、天空还是陆地，都有它们的身影。海洋中，有鱼龙类和蛇颈龙类等海生爬行动物盘踞；天空中，有翼龙类这种会飞的爬行动物翱翔；陆地上，有被称为“恐怖蜥蜴”的恐龙称霸！

恐龙在地球上统治了1.6亿年之久，除陆地之外，它们还遍布天空和海洋。恐龙拥有惊人的适应能力，并随着环境的变化演化出独特的身体结构，拥有不同的生存技能，使得它们成为中生代最繁盛和最具生存优势的脊椎动物。

虽然我们已经发现并认识了许多恐龙，但还有很多与恐龙相关的知识等待我们进一步发掘，如果你爱好探索并对大自然保持好奇，请随我们一起回到恐龙世界，修炼成为一名优秀的恐龙猎人！

飞天计划

远在1亿多年前，恐龙称霸并主宰着地球。在地面上生活的恐龙为了生存相互竞争，战争频频发生。有一部分聪明绝顶的恐龙将生存领地拓展到了天空……

驰龙家族在恐龙王国中以迅猛、灵敏著称，它们身带弯月形镰刀状趾爪，善于集体捕猎，团队成员间默契十足。虽然它们平均体形不算庞大，但是它们拥有超群的智商、迅猛的步伐以及团体的力量，这样的顶级捕猎配置让驰龙家族登上了食物链的顶端，且在恐龙王国享有威望。

面对恐龙王国日益激烈的战争，强盛的驰龙家族根本不把其他家族放在眼里。可是有一天，一个重磅消息在驰龙家族中炸开了锅。

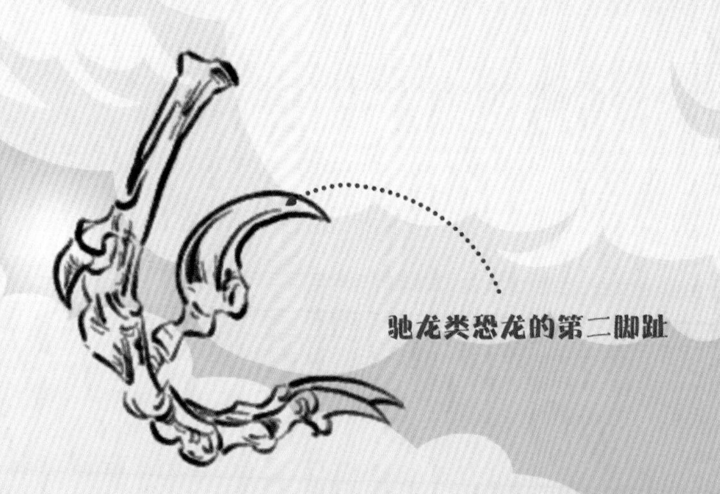

驰龙类恐龙的第二脚趾

这天清晨，驰龙家族得知了一个消息：竞争对手伤齿龙家族在学习飞翔。

驰龙家族与伤齿龙家族争夺“丛林之王”之名很多年，难分伯仲。此外，伤齿龙家族的智商是恐龙王国的智商天花板，虽然驰龙家族是绝顶聪明的恐龙，但是面对伤齿龙家族还是有点力不从心。

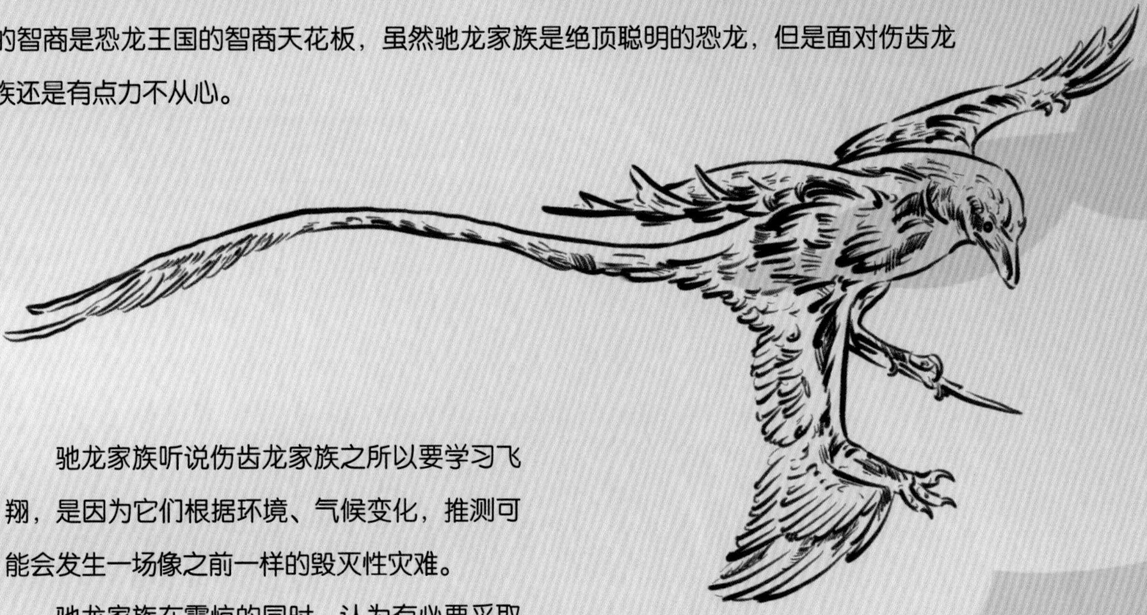

驰龙家族听说伤齿龙家族之所以要学习飞翔，是因为它们根据环境、气候变化，推测可能会发生一场像之前一样的毁灭性灾难。

驰龙家族在震惊的同时，认为有必要采取一些行动。这次不仅是为了竞争，更是为了整个家族的存亡。驰龙家族必须面对这个挑战，于是启动了飞天大计……

飞行着的恐龙

驰龙家族的飞天计划成功了吗？它们逃过这一劫了吗？时间回到一亿多年前，驰龙家族为实现飞天计划，决定集众所长。最终，小盗龙分支取得了更大的成功。

驰龙家族是如何一步步展开这场拯救家族计划的呢？飞向天空的第一步是拥有翅膀，驰龙家族在这方面有着先天的优势。

驰龙家族的大多数成员身披羽毛，这为实现飞天计划奠定了基础。但是它们的羽毛在最初时并不是为了起飞，而是为了保暖。

例如精美临河盗龙生活在昼夜温差较大的沙漠地区，孙氏振元龙生活在寒冷的东北地区，它们都穿着“皮毛大衣”（绒羽）。

孙氏振元龙

孙氏振元龙非常爱惜自己的羽毛，为了早日实现飞上天空的梦想，它决定从升级羽毛入手。它长出了像鸟类一样的翅膀，密集的羽毛覆盖着前肢和尾部，羽毛的结构也较复杂——一根中轴上分出精细的分叉。

孙氏振元龙前肢（翅膀）由接手部第二指的初级飞羽、附着于前臂上的次级飞羽以及覆羽三种复杂且重叠的结构构成。这样的羽毛使得孙氏振元龙看上去像一只大鸟，驰龙家族给它起了一个外号叫“羽毛鸡”。虽然孙氏振元龙的羽毛演化得很成功，但是它的前肢太短了，导致它飞不起来。由此看来，不是长出羽毛的恐龙就能飞，还需要长长的“翅膀”。不过孙氏振元龙的努力并没有白费，它的羽毛结构启发了驰龙家族的其他成员。

精美临河盗龙是驰龙家族的优秀猎手，它从自己的捕猎过程中寻找灵感。

精美临河盗龙在捕猎时会先跳到猎物身上，然后用尖锐锋利的爪子踩住猎物。当它们扑到猎物身上时，猎物出于本能会进行反抗，精美临河盗龙就会展开前肢来保持身体平衡，这时四肢和尾巴上的羽毛就会为它们提供上升的力，让它们不会轻易从猎物身上掉下来，从而更好地控制猎物。

精美临河盗龙的展翅也提高了它们扑向猎物时的精准度。

捕食

由此，精美临河盗龙受到启发：展翅，飞速奔跑，再猛地跳跃，能飞起来吗？精美临河盗龙尝试了很多次，都以失败告终。因为它们的翅膀又小又短，羽毛也不够丰盈，而且它们身长可达 2 米，体重 25 千克，翅膀产生的升力远不能拉动庞大的身躯。

奔跑的精美临河盗龙

看来，想飞上天空，还需要减重呀！

精美临河盗龙的试飞计划提醒了驰龙家族的另外一个小体重成员。

小盗龙类恐龙的身体结构

驰龙家族中的小盗龙类更有体形优势，它们普遍体形小、重量轻，是当飞行员的好苗子。

千禧中国鸟龙

因此，它们成为驰龙家族飞天计划的重点培养“龙才”。其中，千禧中国鸟龙受到精美临河盗龙试飞行动的启发，决定尝试一下它们的方法。

千禧中国鸟龙在小型恐龙中拥有更长的后肢，这意味着其拥有更快的奔跑速度。经过推测，千禧中国鸟龙的地面奔跑速度约为每小时 38 千米！它们具有类似现生鸟类的飞羽，但缺乏许多相应的结构，比鸟类羽毛明显原始得多。

千禧中国鸟龙可以像鸟儿拍打翅膀一样拍打它们的前肢。当它们被猎食者追捕时，扇动“翅膀”能够辅助它们在斜坡上迅速奔跑，或者爬上树，从而摆脱不具备向上攀爬能力的猎食者的追捕。古生物学家根据现生的一些幼鸟在爬坡时拍打翅膀辅助向上攀爬这一现象，推测一些鸟类的祖先在奔跑的同时拍打翅膀，从而学会了飞翔。

千禧中国鸟龙承载着家族成员的希望，它们进行了无数次尝试，可是其前肢上的羽毛并没达到飞行标准，这样的“翅膀”不能支撑其从地面奔跑着起飞。这个结果启发了小盗龙分支的另一个成员。

正在捕食的千禧中国鸟龙

顾氏小盗龙在“翅膀”的数量上动起了脑筋，又在自己的后肢上演化出复杂的飞羽。

但是顾氏小盗龙腿部的飞羽导致它们不能快速奔跑，就像跨栏选手穿了件礼服裙装。于是它们放弃奔跑起飞，爬上树从高处起跳、一跃而下、张开四翼。成功了！它们通过这样的方式在林间滑翔了很远一段距离。

爬树的顾氏小盗龙

顾氏小盗龙的主要运动方式由地面奔跑转为林间滑翔。这个方法瞬间在小盗龙类成员中传开，大家纷纷效仿。渤海舞龙、长羽盗龙都滑翔成功了，从此穿翔于林间。虽然小盗龙类恐龙没有真正飞上天空，但是在恐龙飞翔史上跨出了一大步。

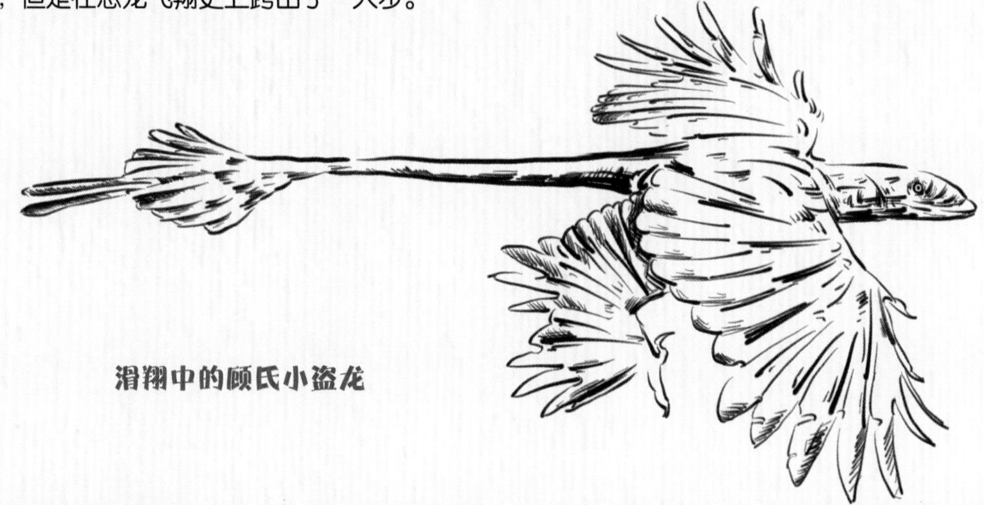

滑翔中的顾氏小盗龙

驰龙家族的成员付出巨大努力并经过无数次尝试，最终取得了成功，形成了恐龙飞行史的重要阶段——滑翔运动阶段。它们为了实现飞天计划，经历了丰盈羽翼、体重变轻、尝试快跑起飞，最终由“双翼”转为“四翼”，成为林间滑翔高手。

小盗龙类恐龙的运动方式在现生动物中也很常见，除了鸟类、蝙蝠以外，还有一些四足滑行的动物，比如两侧长有双翼的蜥蜴、前后肢之间长有薄翼的飞鼠等哺乳动物。它们都具有一定的飞行能力，虽然不同于现生的鸟类，但是它们的翼能够帮助它们跨越空间距离。

小盗龙类恐龙与这些现生动物都具有滑翔的运动方式，虽然它们滑翔的“工具”不尽相同，但是运动的方式相似。那么，小盗龙类恐龙的“四翼”是如何工作的呢？

小盗龙类恐龙“前翼”的运动方式与绝大多数现生鸟类一样，所有悬念集中在“后翼”。古生物学家为了探究小盗龙类恐龙“四翼”的工作机制，做了很多实验和猜测。

一些古生物学家设计了小盗龙类恐龙的等比例模型，将其扔向天空来模拟小盗龙类恐龙的飞行，并通过风洞模拟和数字模型等多种方式进行研究，得到了不同的结果。因为古生物学家设想的小盗龙类恐龙后肢姿势各不相同，所以“后翼”如何运动决定着它们的飞行效果。

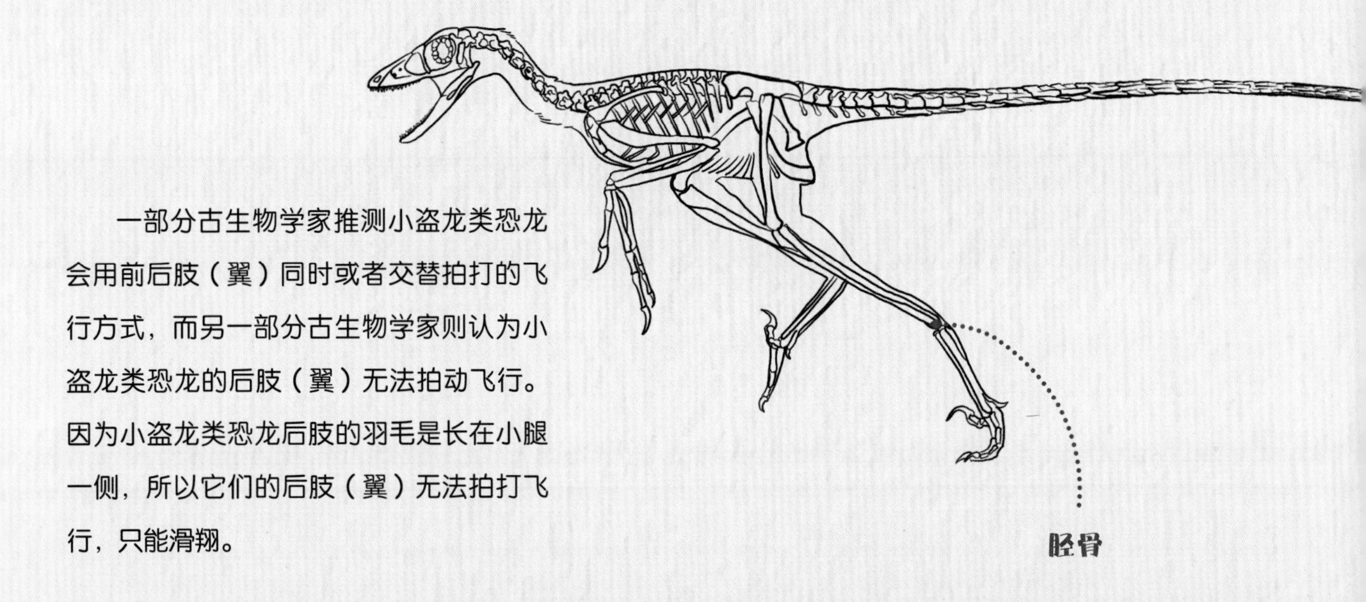

一部分古生物学家推测小盗龙类恐龙会用前后肢（翼）同时或者交替拍打的飞行方式，而另一部分古生物学家则认为小盗龙类恐龙的后肢（翼）无法拍动飞行。因为小盗龙类恐龙后肢的羽毛是长在小腿一侧，所以它们的后肢（翼）无法拍打飞行，只能滑翔。

有些古生物学家推测小盗龙类恐龙的后肢像蜻蜓一样可以在髋部两侧展开，形成后肢（翼）与前肢（翼）平行的飞行姿势。

但是，这个姿势和我们所了解的驰龙类恐龙的髋关节构造不符。它们的髋部结构不允许它们做这样的高难度动作——小盗龙类恐龙的后肢没有办法水平劈叉，这样会让它们的臀部脱臼。从小盗龙类恐龙的骨盆和大腿结构来看，它们的后肢应该是向下的，可能稍稍向身体两侧展开。

依据小盗龙类恐龙的骨骼结构特征，古生物学家科林·帕尔默设计了一个风洞实验。

他用结构泡沫建造了一个等比例的小盗龙类恐龙模型，用树脂将模型外表进行喷涂，并根据小盗龙类恐龙化石的羽毛特征在模型上插上了现生鸟类的羽毛，复原了小盗龙类恐龙的四肢（翅膀）。

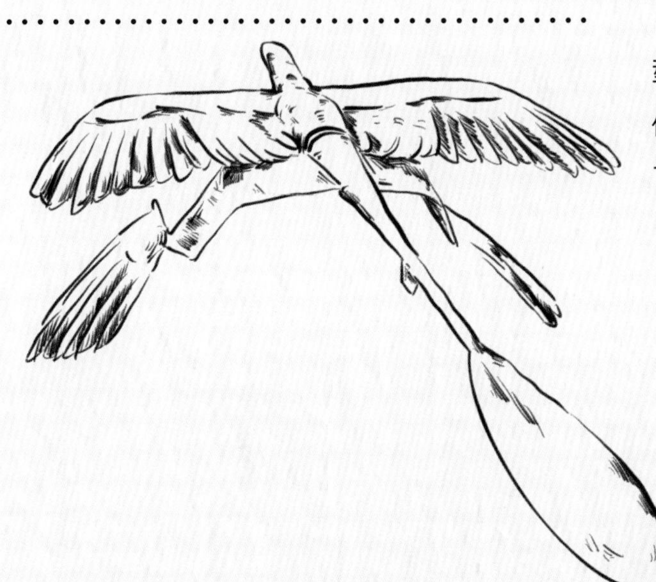

小盗龙类恐龙的风洞模型

他将模型放入风洞中，模拟了小盗龙类恐龙的两种后肢姿势：一种是后肢自然下垂，另一种是后肢稍稍向身体两侧展开。

通过调节风速、风向，他模拟出了两种后肢姿势的小盗龙类恐龙在不同高度下的飞行效果和飞行距离。

风洞实验结果显示，小盗龙类恐龙在滑翔时会受到很大的阻力，滑翔效率并不是很高，所以它们滑翔的距离也很有限。当时热河地区森林中树木的高度是 20~30 米，古生物学家模拟了小盗龙类恐龙从这个高度滑翔的状态。当它们的后肢（翼）向两侧展开时，腿上的飞羽前缘朝前方水平伸开，后肢（翼）位于前肢（翼）的下后方，这样的姿势使它们看起来像一架有羽毛的“四翼飞机”。所以，“四翼飞机”模式可以减少气流的阻力，产生更大的升力。

当小盗龙类恐龙的后肢自然下垂时，后肢的羽毛朝向后方，这些较小的、向后的羽毛可以分散腿部后面的气流，以达到减少阻力的目的。所以两种后肢姿态的小盗龙类恐龙飞行效果并不相同。

顾氏小盗龙振翅

它们长有羽毛的尾巴发挥着稳定器和方向舵的作用，可以帮助它们准确掌握方向。

模型从不同高度落下也会产生不同的滑行效果：如果在15米以下的高度开始滑翔，“四翼飞机”模式滑翔得更远；如果在20米以上的高度开始滑翔，后肢下垂模式滑翔得更远。

古生物学家推测，小盗龙类恐龙会将两种模式结合使用，以波动“U”型滑翔的方式飞行40米左右。具体来说，小盗龙类恐龙飞行的最佳方式是从树上起跳时双足向身体两侧展开，在进入滑行阶段时双足自然下垂，这样可以飞得更远。

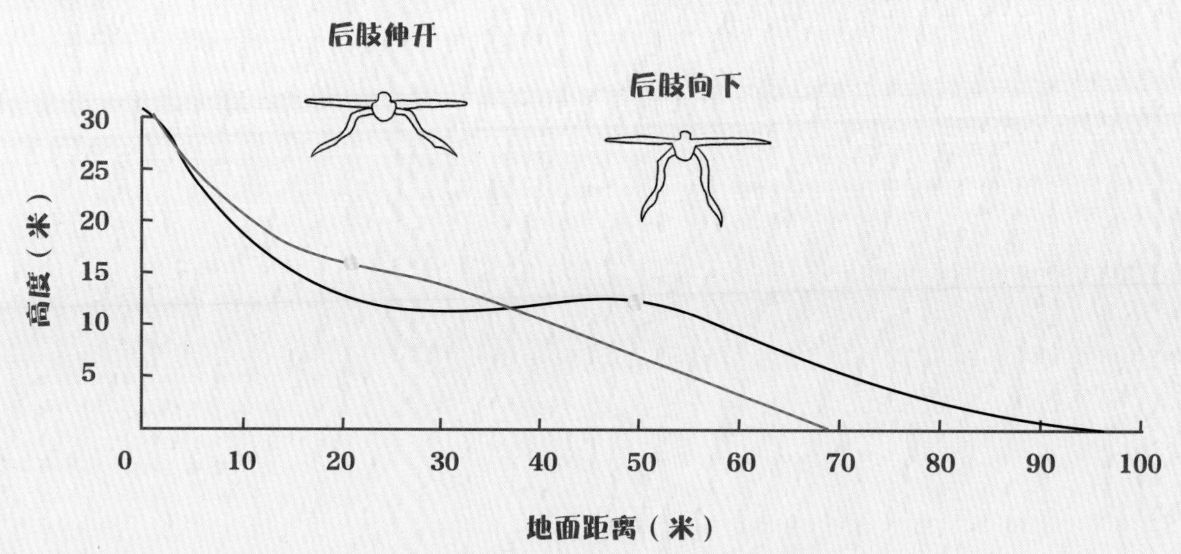

为什么小盗龙类恐龙没能展翅直上云霄呢？古生物学家推测，对于在 20 ~ 30 米高的树上跳跃滑翔的小盗龙类恐龙来说，并不需要振翅这一动作。

滑翔的顾氏小盗龙

小盗龙类恐龙拥有较好的视力及较强的协调性，可以保证它们在滑翔时不会撞到树。滑翔运动已经满足了它们日常的生活需求，所以并不需要振翅动作。

始祖鸟被古生物学家认为是最早的鸟类，它可以上下扇动翅膀，这需要发达的胸肌。

小盗龙类恐龙与始祖鸟在身体结构方面的差异很小。小盗龙类恐龙需要增加前肢（翅膀）的面积来分担更多的身体重量，同时再增强胸肌来扇动前肢（翅膀），就可以像始祖鸟一样飞行了。其实对于小盗龙类恐龙来说，滑翔技能已经能够满足它们在林间捕食猎物以及爬树逃生的需求。

捕捉昆虫

驰龙家族的飞天计划与人造飞机的发展历程惊人地相似。恐龙与人类在各自的早期飞行试验中，都有一个“四翼”的过渡阶段。1903 年，莱特兄弟向世人展示他们的双翼飞机（双翼飞机具有上下两翼，分左右的话也是“四翼”）时，恐龙早在 1.25 亿年前就已经实现了。虽然小盗龙类恐龙的“四翼”滑翔模式最终没能杀出一片天，但作为兽脚类恐龙飞天的一个勇敢尝试，依旧称得上是演化史上的一个奇迹。

恐龙王国也有“兰花指”

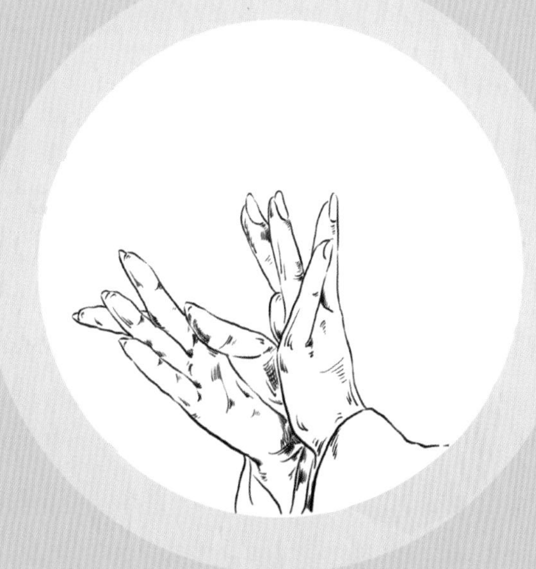

兰花指

兰花指是中国戏曲和舞蹈中的一种手型，是用手型来模仿兰花的美态。

不论是行为儒雅、稳重大方的小生，还是俊俏、活泼的花旦，他们的兰花指加上身段、眼神的配合，将戏曲中的人物演绎得活灵活现、入木三分。

你知道吗？不仅我们人类会翘兰花指，恐龙王国也有一种会翘“兰花指”的恐龙，这就是驰龙家族。

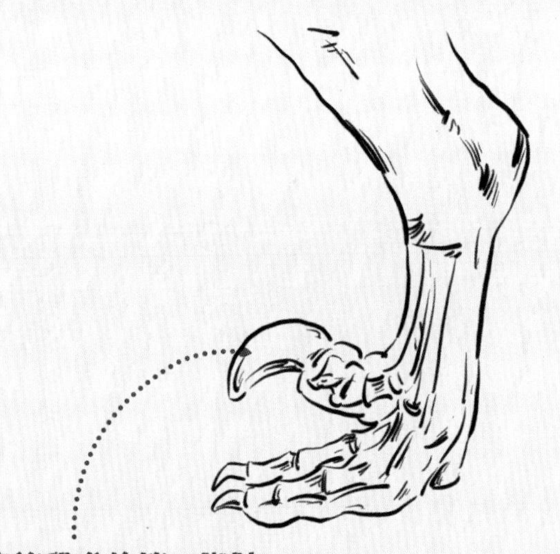

驰龙家族恐龙的第二脚趾

布鲁

驰龙家族恐龙的“兰花指”可不是我们在戏曲中所见的优雅的手形，而是它们的攻击武器。所有驰龙家族成员的脚上都有一个高高翘起、异常巨大的第二脚趾。在电影《侏罗纪公园》中，它们是用弯钩状脚趾敲击地面的迅捷猎食者。虽然它们体形不大，但是成群出动，身手敏捷，凶猛嗜血，大脑发达，智商颇高，残暴程度丝毫不亚于恐龙王国的霸主——暴龙。可事实真的是这样吗？

驰龙家族恐龙的“兰花指”与人类的兰花指可不同。它们的“兰花指”就是长在两只脚上，高高翘起的第二脚趾。驰龙家族的成员有四个脚趾，其中一个脚趾很小，悬在脚掌中间，被人们称为悬爪（许多动物仍然有悬爪，例如现生的狗）。

它们的第二脚趾又大又弯，就像一把镰刀，灵活的关节意味着整个第二脚趾可以呈弧线状从足部上方高高划过并到达脚的下方。驰龙家族恐龙是和其他兽脚类恐龙一样用后肢行走的动物，行走时保持“兰花指”的姿态。第二脚趾始终保持翘起，而且还把脚后跟抬高，只用第三和第四个脚趾着地，全身的重量都落在这两个脚趾上。这样的脚很轻，关节结构适合驰龙快速地运动及支撑身体。

行走时的驰龙

大部分兽脚类恐龙是用足部的中间三趾行走的，驰龙家族恐龙将其中的第二脚趾变成了灵活的可以上下活动的武器。

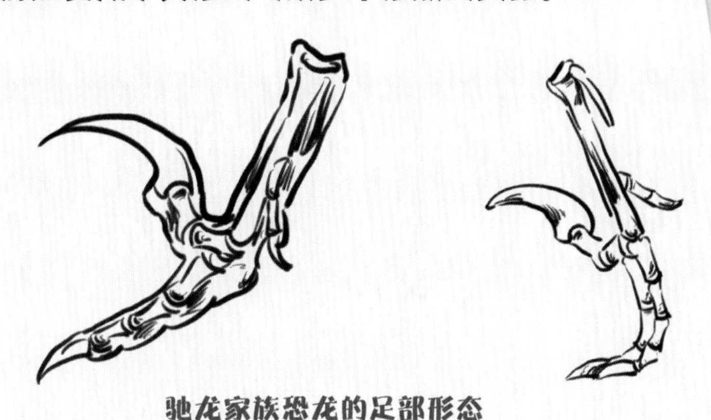

驰龙家族恐龙的足部形态

古生物学家目前只发现驰龙家族恐龙镰刀状脚趾的骨质部分，这些脚趾在生前应该被角质所包裹，有锋利的边缘。

驰龙家族恐龙的第二脚趾虽然锋利无比，但无法保持长期锐利的状态。它们镰刀状的趾甲被损坏后，不会重新长出趾甲，磨损后也不能够复原。因为它们无法像现生的猫咪一样，可以把爪子磨尖。

锐利的脚趾

所以古生物学家推测，驰龙家族恐龙需要尽可能地保护好趾甲，所以才会将第二脚趾高高翘起，使用时再将“兰花指”落下，以减少不必要的磨损。

传说中驰龙家族恐龙的“兰花指”威力无比，又被称为“杀戮之爪”，相当于天生就携带武器。其他肉食性恐龙可能需要很长时间来演化出猎杀武器，而驰龙家族恐龙是“含着金钥匙”出生的猎手。

搏斗中的伶盗龙

古生物界对驰龙家族的热议从未停止。古生物学家乐此不疲地对“杀戮之爪”的威力进行研究，发现驰龙家族恐龙的第二脚趾与其猎食行为有着很大的关系。因此，古生物学家对驰龙家族第二脚趾的作用提出很多有趣的假设。

经过模拟和实验，他们发现驰龙家族的“杀戮之爪”确实需要改名为“兰花指”，曾经认为威力无穷的“杀戮之爪”，可能并没有那么厉害。

这是为什么呢？我们跟着古生物学家一起来探索一下吧！

为了尽可能地推断出事实真相，我们需要先了解驰龙家族的身体结构及特征。

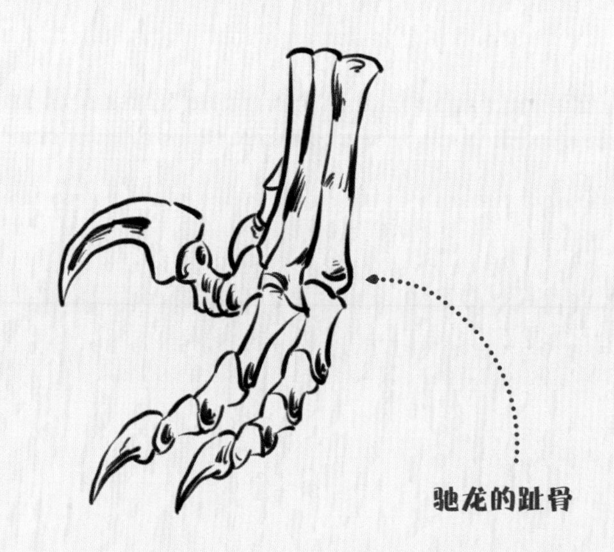

驰龙的趾骨

其他的古生物学家决定做实验来验证一下。他们制作了驰龙类恐龙镰刀状脚趾的复制品和一系列仿制品，用这个机械镰刀状脚趾来进行“开膛破肚实验”。

结果发现，驰龙类恐龙的镰刀状脚趾不能有效地切割和砍杀。因为镰刀状脚趾内侧较为圆滑，不够锋利，不能切开猎物腹部的皮肤和肌肉。如果它们想用镰刀状脚趾来割肉，也只能刺穿皮肉而不能撕裂。

另一项研究模拟了驰龙类恐龙的爪子在腿部不同姿势时产生的力，结果发现爪尖产生的力很小，并不能达到划开猎物皮肤的力度。

实际上，当它们试图要撕破厚厚的兽皮时，镰刀状脚趾就会断裂。所以驰龙家族的镰刀状脚趾远没有我们预想得那么厉害，“杀戮之爪”就是一个“兰花指”。

通过模拟还发现，猎物身上可以被驰龙类恐龙镰刀状脚趾切割而损伤的地方并不多，而且猎物在遇到危险时会保护自己柔弱的部位不受攻击，所以这样的攻击方式可能不符合驰龙家族的实际情况。

猜想二：用“兰花指”来钉住猎物。

如果驰龙类恐龙的第二脚趾并没有那么厉害，那么它们是如何捕猎的呢？

古生物学家将注意力放到了驰龙家族细长而尖锐的前肢上。他们通过 X 射线成像技术构建了驰龙类恐龙的前肢以及第二脚趾的 3D 立体图像，经与现生肉食性鸟类——雕的爪子作对照，发现驰龙类恐龙的前肢很适合攀爬。它们前肢的指甲尖锐而锋利，可以轻松地刺穿和固定，又弯又宽的指甲基部可以将身体稳稳地固定在一处。而爪子的弯曲程度决定了动物的生活方式，越弯曲越适合攀爬，越平直越适合在地面上生活。古生物学家发现驰龙类恐龙前肢爪子的，弯曲程度达到了攀爬动物的水平。

例如小盗龙类小体形驰龙家族成员，就可以爬上树。对于体形较大且拥有巨大而弯曲的第二脚趾的驰龙家族成员而言，由于它们体重超标，所以无法爬上树。但是古生物学家推测，它们会用可以攀爬的后肢来“攀爬”到猎物身上，或者用脚趾稳稳地抓握或钉住较小的猎物。

古生物学家发现很多现生动物的脚趾与驰龙家族的第二脚趾很像，例如一些鸟类和哺乳类动物。很多肉食性猛禽与驰龙家族拥有相似的巨大的第二脚趾，例如鹰。

通过观察鹰的捕食方式，古生物学家发现驰龙类恐龙并不用这个第二脚趾来踢打猎物，也不是用第二脚趾给猎物开膛破肚，而是将猎物按到地上，然后用嘴来咬死猎物。所以鹰的爪子是用来控制猎物的，而不是作为切割刀来使用的。

古生物学家由此猜测，当驰龙家族的成员面对小体形猎物时，捕猎方式可能和现生的鹰等猛禽如出一辙。它们会像鹰一样跳到猎物身上，依靠自己的重量将猎物按倒在地，然后用嘴咬死猎物。

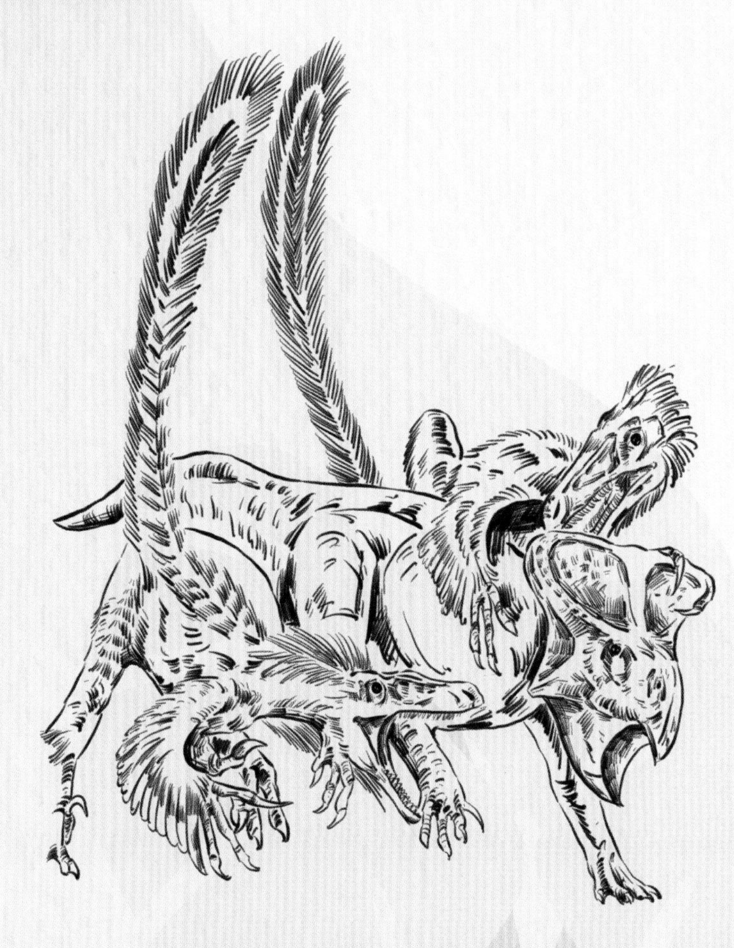

捕食

它们也和现生的鹰一样，用爪子固定猎物后，在拍打翅膀来保持身体平衡的同时开始进食。

不同的是，驰龙家族成员锋利的牙齿可以轻松地切割猎物。

控制猎物

驰龙家族成员的进食、捕食行为也影响着第二脚趾的形态特征。一些原始的驰龙家族成员的第二脚趾还没有演化成后期恐爪龙类恐龙的大型、镰刀状脚趾，但是它们的脚趾关节可以做出更灵活的动作。这有可能是因为原始的驰龙家族成员以更小型的动物为食，所以不用演化出大型脚趾及强壮脚掌来固定猎物。

不同的猎食习惯，会影响驰龙类恐龙脚趾的大小和活动方式。

将身体固定在猎物身上

猜想三：用“兰花指”毁坏猎物的洞穴。

古生物学家猜测，驰龙类恐龙可能会像一些现生动物一样用后肢挖开猎物的洞穴来捕食。

毁坏猎物的洞穴

一些小体形驰龙家族的成员会以昆虫为食，体形较大的会以小型脊椎动物为食，它们可能会使用镰刀状脚趾挖开地表洞穴，将住在里面的猎物钩出或拉出来。

觅食

猜想四：用“兰花指”攻击猎物的要害。

古生物学家猜测，驰龙家族可能会瞄准猎物脆弱的身体部位，例如颈部的血管或气管等，用镰刀状脚趾刺穿或划伤猎物的要害部位。

古生物学家曾发现了伶盗龙与原角龙正在激战的化石遗迹，其中保存了伶盗龙与原角龙搏斗的情形。

搏斗

古生物学家复原了当时激烈的场景：伶盗龙的镰刀状脚趾攻击原角龙的颈部，前肢抓破原角龙的颈盾，而原角龙的喙则咬住了伶盗龙的右前肢。

这表明伶盗龙等驰龙类恐龙可能会用它们的镰刀状脚趾刺穿猎物的喉咙等重要器官来杀死猎物，而非划开猎物的腹部。

猜想五：用于种内斗争和防御。

在恐龙王国中，恐龙为了争夺食物和配偶而大打出手是常有的事，驰龙家族中也不例外。

现生鸟类在打斗及防御时，会踢腿来恐吓、攻击对方。驰龙家族与现生肉食性猛禽相似的脚部特征，使古生物学家联想到驰龙家族在种内斗争中，可能也会使用踢腿这样的动作。但现在并没有相关化石证据可以证明驰龙家族会采用这样的行为来进行种内斗争。

种内斗争

当然，这些都是人们根据驰龙类恐龙的身体特征所做出的一系列有趣的猜想，其中被大家认可的是猜想二和猜想四，因为这两个猜想都有相对可靠的实验证明和化石证据。

从最初的开膛破肚到像现生鹰一样的捕食方式的推断，我们对于驰龙家族的认识随着科学研究的深入一点点清晰起来，也更加接近1亿多年前的恐龙世界。

恐龙餐厅

最近，一个神秘人为了给恐龙提供方便的饮食，决定开一家餐厅。为了经营好恐龙餐厅，这个神秘人需要提前了解各种恐龙的饮食喜好，以便于制定出受欢迎的食谱。

如何才能了解那么多种恐龙的饮食喜好呢？神秘人邀请我们帮他做一个恐龙食谱调研。

古生物学家可以为我们提供一些线索。他们通过研究恐龙的牙齿化石、胃内容物和粪便化石，可以推测出恐龙的饮食喜好。

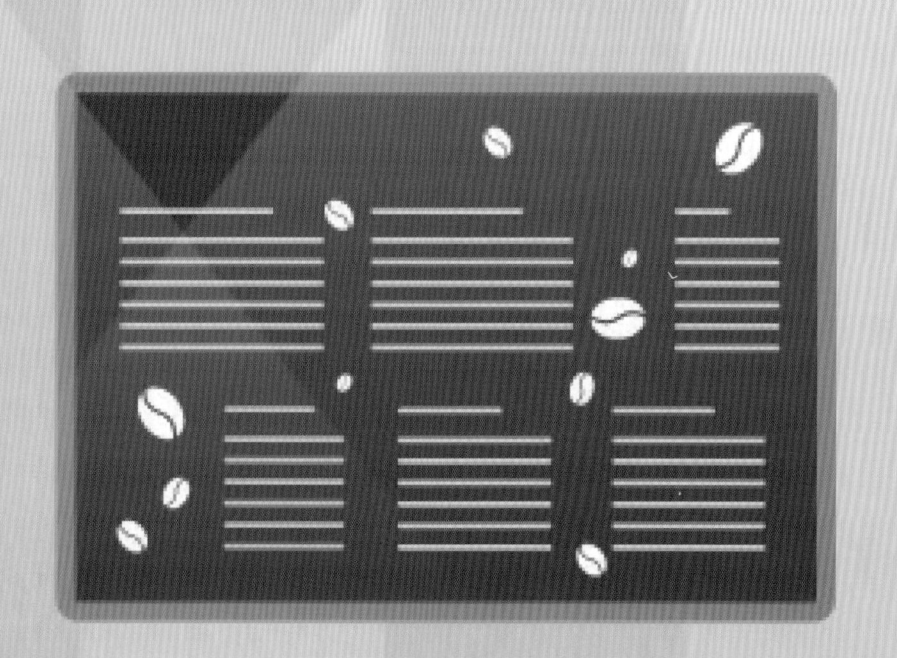

从恐龙的牙齿特征来看，恐龙可以简单地分为肉食性恐龙、植食性恐龙和杂食性恐龙。我们按照这三大类来寻找吧！

肉食性恐龙按体形可分为大型、中型以及小型，体形大小的不同决定着它们所捕食对象的不同。

驰龙家族是恐龙王国中中等体形的肉食性动物，其中精美临河盗龙被大家称为“沙漠之王”。

“沙漠之王”喜欢吃什么呢？古生物学家曾经在原角龙的化石中发现过精美临河盗龙的牙齿化石。精美临河盗龙拥有典型的肉食性恐龙的锯齿形尖锐锋利牙齿，可以轻松撕开猎物的皮肉，而且更新换代也很快，旧牙掉了以后会迅速长出新牙。

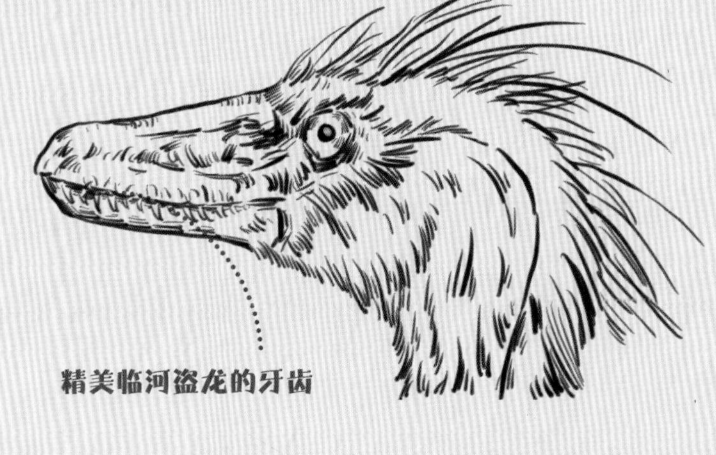

古生物学家还在原角龙的化石上发现了齿痕，经过对比发现与精美临河盗龙的牙齿形状相符，而且是精美临河盗龙在捕猎时留下的。这说明精美临河盗龙是一个不折不扣的猎食者。

齿痕示意图

精美临河盗龙的胃口很好，除了原角龙以外，它们喜欢的食物特别多，而且会随着环境的变化而变化。

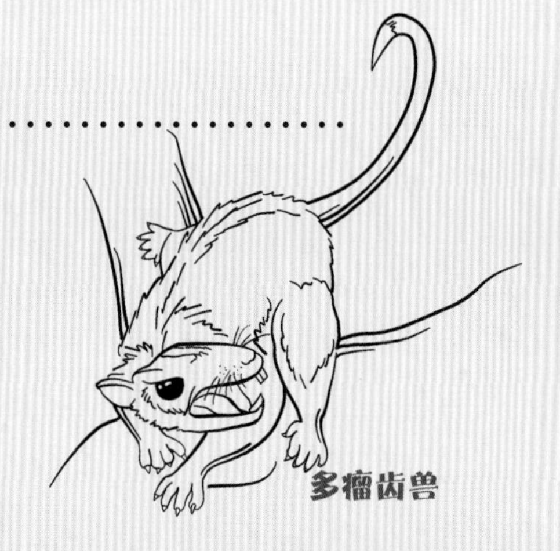
多瘤齿兽

古生物学家推测，精美临河盗龙在旱季和雨季时有着不同的猎食策略。雨水充沛的季节也是动物们繁衍的季节，精美临河盗龙对于食物有很多选择。这时它们也会“偷懒”，猎食一些易捕食的猎物，例如原角龙幼崽、临河爪龙以及一些哺乳动物，例如多瘤齿兽。

在旱季时，植食性恐龙会迁徙到有绿洲的地方，精美临河盗龙的食物因此会相对变少，这时它们会耗费更多精力去捕食那些体形较大的植食性恐龙，例如绘龙。绘龙是迁徙大军中体形较大的植食性恐龙，它们的体形约是精美临河盗龙的 5 倍，而且还有铠甲和尾锤，可以用来攻击猎食者。

绘龙

饥饿难耐的精美临河盗龙当然顾不得那么多，它们对于绘龙的体形及其凶猛的武器毫不畏惧。因为精美临河盗龙会采用团体作战的方式，对绘龙进行围攻。它们拦截跑得更慢的“拖油瓶”，然后对落单的绘龙发起群体攻击，会跳到绘龙的身上，用尖锐的镰刀状第二脚趾刺入绘龙的要害。虽然穿有铠甲的绘龙具有一定的体形优势，但也禁不住精美临河盗龙群体三番五次的攻击。浑身是伤的绘龙挣扎到精疲力尽，最后成为精美临河盗龙的美味。

精美临河盗龙真是不挑食呀，根据古生物学家提供的线索，它们喜欢的食谱就可以完成啦！

精美临河盗龙喜欢的菜单

汤：角龙骨汤、多瘤齿兽肉汤

主食：小角龙嫩肉团、绘龙大排骨、角龙烤肉、涮角龙肉

下午茶：油炸多瘤齿兽、小角龙肉泥饼

我们的恐龙餐厅是服务于所有恐龙的，还需要对其他恐龙进行了解。其他驰龙家族成员喜欢的食物会和精美临河盗龙一样吗？

古生物学家在一个化石遗迹中惊奇地发现，六只犹他盗龙在围攻一只禽龙，它们的骨骸同时出现在化石流沙中。这六只犹他盗龙中有一只成年犹他盗龙，其他都是幼年期恐龙，古生物学家推测这是一家“龙”的捕猎行为。

犹他盗龙是驰龙家族中体形最大的成员，体长可达 6 米。禽龙体长约 10 米。看来它们会以家庭为单位捕食比自己体形大很多的植食性恐龙。

集体捕食

古生物学家在另外一位驰龙家族成员身上也发现了这样的证据。一个化石遗迹显示，恐爪龙集体猎杀一只约 1 吨重的腱龙，而单只恐爪龙重量只有 70 ~ 100 千克。虽然一只恐爪龙猎杀不了一只巨大的腱龙，但是“龙多力量大”。

看来，中等体形驰龙家族成员的菜单并不局限于小体形的植食性恐龙，还有体形稍大的植食性恐龙。这与大型肉食性恐龙的捕食习惯相似，大型肉食性恐龙会捕食体形较大的植食性恐龙，例如暴龙。暴龙会捕食与其生活在同一地点的其他植食性恐龙。

暴龙

所以暴龙的菜单与精美临河盗龙的菜单基本相似，再增加几道菜品就可以啦！

伶盗龙和精美临河盗龙一样，也是沙漠中的好猎手，也喜欢吃原角龙，可是它们在捕猎时经常“偷懒”。

古生物学家在原角龙的颌部化石中发现了伶盗龙的齿痕，而且在四周找到了一些零散的奥氏伶盗龙的牙齿。可经过研究发现，这些伶盗龙的齿痕并不是原角龙生前被捕猎时留下的，而是原角龙被其他猎食者猎杀后，伶盗龙吞食其尸体时留下的。

伶盗龙和原角龙搏斗

伶盗龙真是不挑食啊，发臭的肉都吃。古生物学家还在另一只伶盗龙化石的腹部发现神龙翼龙科成员的长骨头化石。研究表明神龙翼龙科成员死后，伶盗龙才吃了它的尸体，这再次证明了伶盗龙是一个“懒惰”的猎手。

除了伶盗龙，食腐肉的肉食性恐龙其实特别多。

对于肉食性恐龙而言，捕猎确实是一件很消耗体力和精力的事。猎物面对猎食者的追捕时，会拼命逃跑或奋力反抗，猎食者可能也会因为猎物的反抗而受伤。

1971 年，古生物学家发现了“搏斗中的恐龙”化石，其中保存了伶盗龙和原角龙搏斗的情形。原角龙咬碎了伶盗龙前肢的肌肉和骨头，可见捕猎会存在受伤的巨大风险。所以，对于不挑食的肉食性恐龙而言，能不劳而获地吃一顿腐肉也是个不错的选择。

伶盗龙和原角龙搏斗的骨架复原图

在动物界中，除了肉食性恐龙会选择吃腐肉，还有一些生物也是腐肉的爱好者，例如埋葬虫、细菌。数以万计的细菌是最小的食腐生物，从动物死掉的那一刻起，细菌就开动啦，腐肉之所以会那么臭，都是细菌的功劳。

看来腐肉在生物界很受大家的喜爱呀，如果我们为恐龙王国的居民准备一份腐肉自选菜单，一定会很受欢迎。

腐肉自选菜单

小点心：腐肉派

主餐：超臭火腿、脏兮兮烤肉、烂肋排、臭肉排

有没有和人类一样喜欢吃鱼的恐龙呢？当然有啦！真有一类喜欢吃鱼肉的恐龙，它们是恐龙王国的“渔夫”——棘龙。

棘龙拥有又长又窄的嘴巴、圆锥状的牙齿以及较高的鼻孔，类似现生鳄鱼，这样的结构最适合用来吃滑溜溜的鱼了。

古生物学家给棘龙的头骨化石做了 X 射线计算机断层成像，发现棘龙的上颌及下颌有疑似感应器官的小孔。现生的短吻鳄身上也有些窝，窝内有压力传感器，能够在水中找到猎物的位置。而且它们的鼻孔长在头部较高的位置，这样就可以把长长的嘴巴放在水中，且水不会灌进鼻子。

短吻鳄

棘龙

古生物学家由此推测出棘龙捕鱼的方法：先将身体藏在水中，头部半露出水面感应周围猎物的动静，然后进行猎食。古生物学家还曾在重爪龙的胸腔中发现了一些鳞齿鱼的鳞片。

虽然喜欢吃鱼的恐龙不多，但是只要有需求，我们就要尽力满足大家，所以我们也要制定一个鱼食客喜欢的菜单。

鱼食客菜单

汤：鲜嫩鳞齿鱼汤、角齿鱼汤

主餐：清蒸鳞齿鱼、马索尼亚鱼刺身、红烧角齿鱼

中、大型肉食性恐龙的常规菜系准备好了，但是，除了喜欢鲜嫩肉质和腐肉的恐龙以外，还有一些爱好特殊的肉食性恐龙。

古生物学家在达斡尔龙腹部发现了蛙类骨骼，这说明它们也会捕食两栖动物。看来我们的菜单还需要再丰富一点。为了我们的餐厅能够满足大众的口味和需求，小型肉食性恐龙的菜单也不能忽略。

可是它们喜欢吃什么呢？驰龙家族的“小不点们”是小体形恐龙的代表，小盗龙类恐龙是世界上最小的肉食性恐龙之一。

古生物学家曾经在小盗龙类恐龙化石的肚子里发现鱼骨，看来善于爬行和滑行的小盗龙类恐龙不只是在树林和树干上捕食猎物，也会在水边和地面上觅食。生物学家还在另一只小盗龙化石肚子里发现了鸟类的部分骨架，这意味着小盗龙类恐龙也捕食鸟类。古生物学家还在赵氏小盗龙化石中发现了一只保存极佳的蜥蜴。

小盗龙摄食硬骨鱼的骨架化石

小型肉食性恐龙菜单

主餐：烤鱼、凉拌蛙、清蒸蜥蜴、炸虫虫

下午茶：干煸鱼头、油炸青蛙腿、糖渍蟑螂

小体形肉食性恐龙可以轻松捕食体形更小的动物，但是在物竞天择的生态圈中，小体形恐龙很容易变成较大体形恐龙的盘中餐。

昆虫

古生物学家在华丽羽王龙化石的腹部发现了千禧中国鸟龙的骨骼。千禧中国鸟龙是驰龙家族中的“用毒大师”，虽然捕猎技能高超，可以捕食各种小动物，但也摆脱不了被较大体形恐龙吃掉的命运。

恐龙王国基本遵循着大恐龙吃小恐龙、小恐龙吃更小动物的自然规律。所以小盗龙等小体形恐龙就会扩大猎食范围，选择猎食更多种类的小动物来弥补小体形的劣势，基本上什么都吃，从而提高生存概率。

什么都吃并不代表就是杂食性动物。杂食性动物既吃动物也吃植物，而小盗龙类恐龙只吃肉，并不吃植物。恐龙王国有很多杂食性恐龙，增加一些杂食菜单肯定受欢迎。杂食性恐龙各有各的喜好，有些是完全吃杂食；有些是以植物为主，偶尔吃一些小动物调剂一下胃口；有些主要吃肉，偶尔吃点植物和种子当点心；还有些是幼年吃荤，成年吃素。

中国鸟形龙（伤齿龙科）

聪明绝顶的伤齿龙也属于杂食性恐龙。果然荤素搭配、合理膳食才是聪明恐龙的选择。伤齿龙具有高超的捕猎技能，但是古生物学家发现它们有着和植食性恐龙一样的牙齿。

伤齿龙的牙齿呈叶状，短而宽，有大型锯齿状边缘，侧边有磨损面。牙齿的磨损情况说明伤齿类恐龙会吃植物。古生物学家推测伤齿类恐龙可能以肉类为主，植物为辅。

还有窃蛋龙家族，它们有着和鹦鹉嘴龙一样的“鹦鹉嘴”，可以咬碎植物的茎叶和种子。嘴部特征显示它们可能是植食性恐龙，可古生物学家曾在它们的化石内部发现过蜥蜴骨骸，因而无法精准判断它们的食性。

还有角鼻龙类的泥潭龙，更是“改荤为素”。幼年泥潭龙长有弯曲且锋利的牙齿，这说明它们幼年时期可能以肉类为食；可是成年泥潭龙没有牙齿，而且胃部化石中有胃石，这说明泥潭龙成年以后可能会“改荤为素”，以植物为食。

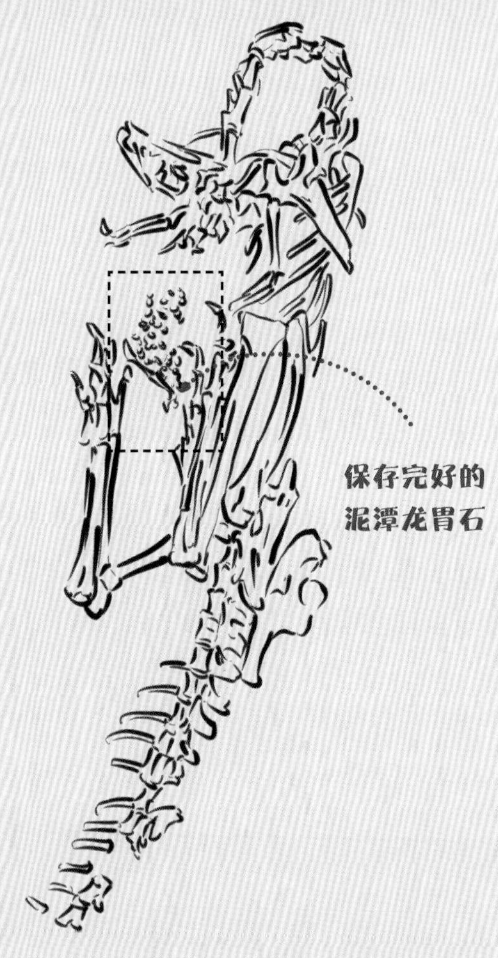

看来杂食性恐龙的口味很多样，也很挑剔呀，我们的恐龙杂食菜谱只要荤素均衡，就可以满足它们挑剔的胃口啦！

肉食性恐龙和杂食性恐龙喜欢的菜品都准备好了，现在就差恐龙王国中“素食主义者”的食谱啦。它们可是恐龙王国中占比最多的。

营养均衡杂食性恐龙菜单

汤：角龙骨汤

主餐：虫虫沙拉、蜥蜴烩菜、蛙腿炒蕨菜、银杏拌蜘蛛

下午茶：糖渍蟑螂、蜈蚣茶

植食性恐龙的种类很多，那我们的食谱该如何制定才能满足它们的需求呢？古生物学家认为不同身高的植食性恐龙占领着不同的植物资源，比如甲龙类拥有短小的四肢和颈部，这表明它们主要以生长在地表或接近地表的低矮植物为食，例如蕨类等。

相较而言，鸭嘴龙类拥有更长的四肢、颈部和头骨，这说明它们不仅可以吃到地表的低矮植物，而且还可以吃到高出地表很多的植物，例如银杏等。还有个子更高大的蜥脚类恐龙，它们会食用一些更高的植物，例如针叶树等。

有些植食性恐龙很挑食，古生物学家称它们为“精食者”。它们拥有又长又突出的嘴巴，只吃植物的新叶子、新枝芽和甜美的果实。例如剑龙就是一位“精食者”，还有各种各样的长嘴巴、窄喙的鸟脚类恐龙也是“精食者”。当然还有不挑食的“粗食者”，例如一些蜥脚类恐龙，它们的下巴、嘴巴和鼻子是宽阔的方形，可以张大嘴巴咬下一大口植物。它们的嘴巴和现今拥有宽大嘴巴的植食性动物很像，例如白犀牛和河马。

觅食

还有一些是处于中间的“混食者”。它们是一些鸟臀类恐龙，古生物学家无法根据其头骨的特征严格划分它为“粗食者”或“精食者”。它们既会大口吃叶子，也会挑拣着吃嫩叶子，两种进食方式都会涉及。

我们可以为不同身高的植食性恐龙提供它们日常食用的植物，还可以根据植物的鲜嫩程度提供一些菜品，再增加一些开花植物作为新菜品供它们品尝。

以自取的形式摆放好，它们就可以自主地选择喜欢的食物啦！

植食性恐龙自选食物清单

鲜嫩多汁类：苏铁尖尖、嫩蕨叶沙拉、凉拌鲜嫩木贼

嚼口植物类：银杏叶炒苏铁、针叶烩菜、爆炒小苏铁

尝鲜开花类植物：小炒木兰、阔叶沙拉、鲜嫩棕榈汤

第四章 追寻恐龙

提起恐龙，许多人脱口而出的可能是暴龙、三角龙、梁龙和腕龙，但这些都是生活在史前北美洲的恐龙。如果你是恐龙迷，你能说出几种生活在中国的恐龙吗？你知道世界上发现恐龙数量最多的国家是哪个吗？

截至 2022 年 4 月，中国已经研究命名了 338 种恐龙，并且每年还在以 10 个左右的数字增长。目前，古生物学家在我国的 22 个省（自治区、直辖市）发现了恐龙化石，其中，辽宁、内蒙古和四川埋藏了丰富的恐龙化石，是名副其实的“恐龙大户”。

驰龙家族来报到

我是精美临河盗龙，我的化石发现于内蒙古自治区巴彦淖尔市。

我是顾氏小盗龙，我的化石发现于辽宁省凌源市。

我是奥氏伶盗龙，我的化石发现于内蒙古自治区巴彦淖尔市。

我是奥氏天宇盗龙，我的化石发现于辽宁省凌源市。

我是千禧中国鸟龙，我的化石发现于辽宁省凌源市。

我是孙氏振元龙，我的化石发现于辽宁省凌源市。

我是杨氏钟健龙，我的化石发现于辽宁省凌源市。

我是渤海舞龙，我的化石发现于辽宁省凌源市。

我是王氏达斡尔龙，我的化石发现于内蒙古自治区呼伦贝尔市。